# 创意画师：
# AI绘画艺术风格设计

## （70集视频课）

>>>罗巨浪 周鑫森 著

清华大学出版社

北京

## 内 容 简 介

目前，人工智能中的 AI 绘画技术发展迅猛，Midjourney、Stable Diffusion、文心一格等各种 AI 绘画软件层出不穷，通过这些软件，即使没有绘画基础，不懂水彩、水粉、油画的绘画技巧，只要你有想法，就能轻松快速地获得符合需求的绘画作品。AI 绘画，可以说打开了设计创作的新时代。但是，AI 绘画软件只是一种辅助创作的工具，想通过这种工具创作什么作品、想创作哪种类型的作品、想让作品呈现一种什么风格，这些是需要软件使用者考虑的。本书针对绘画作品的艺术风格结合实际绘制的图片进行全面介绍，包括绘画艺术风格、插画风格、数字媒体视觉设计风格、潮流艺术风格、摄影艺术风格、家居设计风格和建筑设计风格等。学习本书内容并将其灵活应用于 AI 绘画创作，将使自己的 AI 绘画作品"有灵魂"，让AI 绘画作品的层次大幅度提升。

本书采用四色印刷，内容丰富，图文并茂，图片精美，适合所有对 AI 绘画感兴趣的传统画家、插画师、平面设计师、家居和建筑设计师等参考学习。

**图书在版编目（CIP）数据**

创意画师：AI 绘画艺术风格设计：70 集视频课 / 罗巨浪，周鑫森著 . -- 北京：清华大学出版社，2024.9. -- ISBN 978-7-302-67300-2

Ⅰ. TP391.413

中国国家版本馆 CIP 数据核字第 2024BP1748 号

**责任编辑：**袁金敏
**封面设计：**墨　白
**责任校对：**徐俊伟
**责任印制：**沈　露
**出版发行：**清华大学出版社
　　　　　网　　　址：https://www.tup.com.cn，https://www.wqxuetang.com
　　　　　地　　　址：北京清华大学学研大厦 A 座　　　邮　　编：100084
　　　　　社 总 机：010-83470000　　　　　邮　　购：010-62786544
　　　　　投稿与读者服务：010-62776969，c-service@tup.tsinghua.edu.cn
　　　　　质 量 反 馈：010-62772015，zhiliang@tup.tsinghua.edu.cn
**印 装 者：**三河市龙大印装有限公司
**经　　销：**全国新华书店
**开　　本：**170mm×240mm　　　**印　　张：**12.25　　　**字　　数：**317 千字
**版　　次：**2024 年 11 月第 1 版　　　**印　　次：**2024 年 11 月第 1 次印刷
**定　　价：**79.80 元

产品编号：107049-01

现在，但凡对人工智能技术稍微敏感的人，都已经历过被 AI 绘画的惊艳效果所震撼的阶段，也已丝毫不怀疑 AI 绘画极其广阔的商用前景。现在的问题并不是要不要将 AI 绘画运用在商业领域，也不是是否起步太晚，而是如何将 AI 绘画这个强大的工具运用得更好的问题。

例如，如何让 AI 绘画作品更有"灵魂"？

事实上，AI 绘画自诞生以来，一个让人感到不完美之处就在于"AI 绘画没有灵魂"。是的，AI 绘画所出的图画非常精美，但经常有千篇一律的气息，欠缺独特而强烈的艺术风格。

但是，这不是 AI 绘画本身的问题，而是使用者的问题。

所有 AI 绘画软件都是使用者的工具，如果觉得 AI 绘画软件"创作"的作品不够有灵魂，那极大可能是使用者没有找到正确的方法，即需要对软件进行必要的"投喂"和训练。

本书可帮助使用者对 AI 绘画软件进行风格训练，让 AI 绘画"有灵魂"。我们相信，只要按照书中讲述的方法学习，使用者完全可以掌握让 AI 绘画有灵魂的秘诀！

本书是一本以艺术风格为导向，以商用实战为着眼点和落脚处的 AI 绘画书籍，讲解了 7 大类艺术风格在 AI 绘画中的运用。在阐述这些风格时，不但讲解了各种风格的主要特征、代表人物、代表作品，而且还提炼出了将相关艺术风格运用于 AI 绘画的核心关键词，同时明确了不同艺术风格最适宜的商业运用场景。

## ➜ 本书特点

第一，以艺术风格为导向，高效解决了"AI 绘画无灵魂"的痛点问题。本书以人类历史上著名的艺术大师、艺术流派的代表作为例，解析其风格特点，并将相应风格运用到 AI 绘画，让 AI 绘画充满鲜明风格。尤其需要强调的是，本书针对不同的艺术风格进行解析，从而使关键词更具专业性，这种专业性体现在造型特征、色彩特征、笔触特征等方面。

第二，以商用实战为落脚点，实用性极强。本书以商用场景构架全书，将 AI 风格学习与商用实战有机融合，绝非为风格而风格。

第三，分门别类，可作为"速查宝典"快查快用。不同艺术风格的主要特征、核心关键词、最适宜的运用场景等，均可一查即知。

第四，内容普适性强。本书讲述的艺术风格知识适用于目前所有的主流 AI 绘画软件。例如，

Midjourney、Stable Diffusion、文心一格……，不管使用哪种软件，都可以在书中找到适合的艺术风格关键词，以及众多独家使用技巧。鉴于 Midjourney 软件在全世界的广泛使用，本书案例主要以其为基础进行编写。

第五，案例典型，便于读者举一反三。本书以案导学，不仅便于读者理解和掌握知识，而且读者可以根据自己的具体需求进行"借鉴和应用"。通过简单调整提示词，便能轻松创作出符合自己心意的新作品。

第六，配套资源丰富，物超所值。本书配套有视频讲解、分类关键词速查表等资源，丰富的配套内容让读者的获得感远超预期。需要的读者可扫描下面的二维码下载。

第七，社群服务贴心，学习无后顾之忧。本书建立了"AI绘画实用社群"，读者可在群里交流学习，每个工作日均有作者在线答疑，实现"买一本书即拥有一名 AI 私教"的价值升级；另外，作者还会不定期直播，让读者与作者在线零距离交流。

需要说明的是，人类历史上各种艺术风格和艺术流派经常有交叉之处，本书并不介入对艺术流派本身的讨论，而重在通过学习这些艺术风格，进行 AI 绘画商用实战。

另外，本书案例的关键词可应用于其他 AI 绘画软件，但是生成的图像效果可能与书中展示的效果有所不同，就算将关键词直接应用在 Midjourney 中，生成的图像也可能不会与书中的效果完全一致，这是因为 AI 绘画具有其特定的生成特性。正是这种特性赋予了 AI 绘画创作无限的潜力和可能性，使得每一次的绘画结果都充满了不可预知的美感，这也是 AI 绘画的独特魅力所在。

让 AI 绘画有灵魂，就从这本书开始！

# CONTENTS

## ↳目 录

# 第 2 章　插画风格　/　49

# 第3章 数字媒体视觉设计风格 / 71

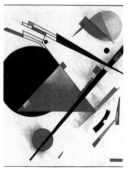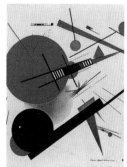

# 第 4 章　潮流艺术风格　/　101

# 第 5 章　摄影艺术风格　/　111

# 第6章 家居设计风格 / 131

# 第7章 建筑设计风格 / 161

# 第1章 ↘
# 绘画艺术风格

#fbe006

#fb910b

#bb4b0d

#974c11

#4c3213

# 1.1 油画风格

## 1.1.1 文艺复兴绘画风格

### AI 绘画欣赏

文艺复兴时期的绘画风格表现为对古典文化的回归和对人文主义理念的强调，艺术家们试图达到对现实和自然更为真实的表现。

Tips:

选择文艺复兴绘画风格时，选择历史题材更容易生成符合主题的AI画作。

### 文艺复兴绘画风格的主要特点

- **人体的理想化：** 受到古希腊和古罗马雕塑的启发，注重对人体的理想化描绘；人体比例的准确表达，成为绘画的重要方面。

- **透视法的运用：** 开始广泛运用线性透视法，通过正确处理空间和深度，使画面更加逼真和立体，更富有空间感和现实感。

- **古典主题的再现：** 古典文学、神话和历史故事成为绘画主题，展现对古典文化的尊重和热爱。

- **色彩和光影的运用：** 对颜色和光影的研究变得更为深入，通过使用光影效果，强调物体的形态和质感。

- **个体的表达：** 更加强调个体的表达。通过绘制个人肖像、风景和日常生活场景，表达更为个性化的情感和思想。

- **经典元素的复兴：** 文艺复兴时期的画家们描绘古典建筑、柱廊和拱门等元素，使画面更富有古典气息。

- **自然主义的追求：** 艺术家们追求对自然的更为真实的描绘，关注日常生活中的细节，使画面更富有现实感。

# 案例欣赏

创意画师：AI 绘画艺术风格设计（70 集视频课）

## >> 提示词分享

| 英文 | 中文 |
|---|---|
| Maiden with veil on her head, Renaissance dress, aristocracy, ancient architecture, golden tones, ancient colonnades, religion, mythology, historical scenes, portraits of aristocrats, mythological heroes, golden proportions, stately balance, orthographic views, symmetrical compositions, sense of stability, muscular lines, idealized representations, ornate decorations, fashionable details, warm tones, golden yellows, reds, dark blues, contrasts of light and shadow, Renaissance architecture, colonnades, antique elements, symbolic objects, light and shadow effects, highlighting light and shadow, dramatic effects, three-dimensionality, highlighting important elements, solemnity, grandeur, mystery, figure expressions and gestures --ar 4:3 --stylize 500 --v 6.0 --chaos 50 | 头戴面纱的少女、文艺复兴时期的服饰、贵族、古代建筑、金色色调、古代柱廊、宗教、神话、历史场景、贵族肖像、神话英雄、黄金比例、庄重平衡、正视图、对称构图、稳定感、肌肉线条、理想化表现、华丽装饰、时尚细节、暖色调、金黄色、红色、深蓝色、光影对比、文艺复兴建筑、柱廊、古典元素、象征性物体、光影效果、突出光影、戏剧效果、三维性、突出重要元素、庄严、宏伟、神秘、人物表情和姿态 -- 画面比例 4:3 -- 风格化 500 -- 版本 6.0 -- 创意程度 50 |

## | 大师档案 | Master file

### ▶ 莱昂纳多·达·芬奇

意大利艺术家，文艺复兴三杰之一，其作品具有明显的个人风格，善于将艺术创作和科学探讨结合起来。达·芬奇多才多艺，不仅是绘画家，还是发明家、科学家和雕塑家，对人体解剖学有深入研究。代表作品如《蒙娜丽莎》《最后的晚餐》等。

### ▶ 米开朗基罗

意大利文艺复兴时期的艺术巨匠，以多重身份为人们所熟知。他是一位杰出的雕塑家和画家，被誉为文艺复兴时期的三杰之一。他对人体解剖学有着深刻的理解，在雕塑和绘画中展现出了无与伦比的技艺。代表作品如《大卫》《创世纪》等。此外，他作为建筑师，其建筑作品体现了对古典文化的回归。代表作如劳伦兹大教堂和圣彼得大教堂的穹顶等。

### ▶ 拉斐尔

意大利艺术家，文艺复兴三杰之一，以优雅和完美的构图而闻名。代表作品如《雅典学院》等。

# 1.1.2 巴洛克艺术绘画风格

AI painting appreciation
## AI 绘画欣赏

巴洛克绘画风格指的是盛行于 17 世纪初至 18 世纪初期的巴洛克艺术在绘画艺术方面的发展，起源于意大利，后来在欧洲各地得到广泛传播和发展。巴洛克绘画常常通过极富表现力的手法来展现宗教、历史和神话题材。

Tips:

巴洛克艺术注重精细的细节和丰富的装饰性。在生成巴洛克绘画风格的油画时，应着重添加复杂的图、曲线和华丽的细节，以充分展现巴洛克风格的独特装饰特征。

Characteristics of the Baroque painting style
## 巴洛克绘画风格的主要特点

戏剧性和动感：强调戏剧性效果和强烈的动感。画面中的场景充满活力，人物动作明显，从而创造出引人注目的视觉效果。

📄 **光影效果：** 强调明暗对比的绘画技法，通过巧妙地处理光影来强调物体的形态、质感和立体感。

- **复杂构图**：构图通常较为复杂，充满对称、曲线和角度的变化，为画面注入动感和活力。
- **强烈的颜色对比**：经常使用强烈的颜色对比突显重要的元素，从而增强画面的戏剧性效果。
- **装饰性和细节**：强调细节和装饰，常常通过繁复的装饰元素来丰富画面，使之显得更为豪华和精致。

Case appreciation
# 案例欣赏

## >> 提示词分享

| 英文 | 中文 |
| --- | --- |
| A painting of a woman wearing an expensive gown, in the style of Baroque elaborate detailing, in the style of luxurious fabrics, solarization, playfully intricate, lush detailing, floral still—lifes, in the style of Baroque-inspired art, dappled, large-scale portraits, Rembrandt, elaborate textiles, meticulous detailing, grandiose color schemes,dark beige and orange, meticulously detailed still life, elaborate costumes, Baroque --ar 4:3 --stylize 200 --chaos 30 --v 6.0 | 一幅描绘着一位穿着昂贵礼服的女人的画、采用巴洛克风格的精致细节设计、采用奢华面料的风格、日光照射、俏皮复杂、丰富的细节、花卉静物、采用巴洛克风格的艺术风格、斑驳、大型肖像、伦勃朗、精致的纺织品、一丝不苟的细节、宏伟的配色方案、深米色和橙色、细致入微的静物、精致的服装、巴洛克风格 -- 画面比例 4:3 -- 风格化 200 -- 创意程度 30 -- 版本 6.0 |

## |大师档案| Master file

### ▶ 伦勃朗·哈尔曼松·凡·莱茵

荷兰艺术史上的巨匠，擅长多种题材的绘画，包括肖像、历史画、宗教画和风景画等多个题材。他以其独特的艺术风格和深刻的表现力而闻名于世。在肖像画领域，他被誉为西方绘画史上伟大的肖像画家之一。代表作品如《自画像》等。此外，他在历史画和宗教画方面也有着杰出的成就，如《夜巡》和《基督在埃玛乌斯路上》等其作品展现了他对人物形象和情感的深刻描绘。代表作品如《夜巡》《基督在埃玛乌斯路上》等。而在版画领域，伦勃朗更是独具造诣，被称为巴洛克时代最伟大的铜版画家之一。他率先将酸液腐蚀金属制版应用于铜版画，并将其表现力推向了新的高度。时至今日，其铜版画作品仍被视为学习的典范，对后世艺术家产生了深远的影响。代表作品如《三个十字架》《三棵树》。

### ▶ 彼得·保罗·鲁本斯

出生于德国的比利时艺术家，其作品体现了巴洛克时期强烈的情感表达和技巧性的绘画技法。代表作品如《卢西弗与战争女神》《狂欢》《克鲁索和赫拉克勒斯》等。

### ▶ 乔凡尼·洛伦佐·贝尼尼

意大利艺术家，他不仅是画家，还是雕塑家和建筑师。其作品展现出戏剧性、动感和富于表现力的特征。代表作品如《大卫》《普鲁托和帕尔塞福涅》等。

# 1.1.3 洛可可绘画风格

AI painting appreciation

## AI 绘画欣赏

洛可可绘画风格指的是洛可可艺术在绘画方面的发展，流行于 18 世纪的欧洲，特别是在法国，强调对优雅、浪漫和精致的追求，展现了一种豪华、优雅和轻松的审美，是巴洛克艺术的一种演变。

Tips:

洛可可风格的画家常使用柔和而温暖的色调，如淡蓝、淡黄、淡粉等。增加描绘温馨色彩的提示词，可以创造出符合洛可可风格的色彩氛围。

Characteristics of the Rococo painting style

## 洛可可绘画风格的主要特点

▢ **轻松优雅：** 强调轻松、优雅和愉悦的感觉；画作通常充满柔和的曲线等装饰性元素，有富丽堂皇的氛围。

- 🔲 **对称和曲线**：善于使用对称和曲线元素，以营造一种充满活力和动感的效果。
- 🔲 **装饰性元素**：绘画中充满了装饰性的元素，如卷曲、花饰、羽毛和藤蔓等，从而营造出繁荣和优雅的感觉。
- 🔲 **精致细腻的绘画**：在细节上投入大量的心血，创造精致而复杂的画面。
- 🔲 **浪漫主题**：常常表现浪漫、爱情和宫廷生活等主题；画中的人物通常是优雅而风度翩翩的贵族，场景可能是花园、宫殿或室内。

# 案例欣赏

## >> 提示词分享

| 英文 | 中文 |
| --- | --- |
| Several friends having afternoon tea together, looking into the camera, Rococo style, high details, emotional narrative, romance, François Boucher, oil painting, 17th century, style with luxurious fabrics, daylight exposure, playful sophistication, rich details, still life , in the rococo style of art, mottled, large portraits, exquisite textiles, meticulous detail, grand color scheme, dark beige and oranges, nuanced still lifes, exquisite costumes, rococo style --ar 4:3 --stylize 500 --v 6.0 | 几位朋友在一起喝下午茶、正对着镜头、洛可可风格、高度细节、情感叙事、浪漫、弗朗索瓦·布歇、油画、17世纪、奢华面料风格、日光下曝光、俏皮精致、丰富细节、静物、洛可可艺术风格、斑驳、大型肖像、精致纺织品、细致入微、宏伟的配色方案、深米色和橙色、细致入微的静物、精致服装、洛可可风格 -- 画面比例 4:3 -- 风格化 500 -- 版本 6.0 |

## |大师档案| Master file

### ▶ 弗朗索瓦·布歇

法国画家、版画家和设计师，是一位将洛可可风格发挥到极致的艺术家；曾任法国美术院院长、皇家首席画师。代表作品如《戴安娜的休息》《爱之目》《牧歌》《月亮女神的水浴》等。

### ▶ 让·安东尼·华托

法国艺术家，被认为是洛可可绘画风格的奠基人之一。其作品以描绘优雅场面和戏剧性画面而著称，形成了一种被称为"沸腾派"的独特风格。代表作品如《舞者插图》《费腾博士的装饰画》等。

### ▶ 让·奥诺雷·弗拉戈纳尔

法国画家，他的表现技巧具有多样性，既可精微细腻地刻画，又可粗犷写意式地描绘，其作品巧妙地运用明暗的变化，色彩淡雅。代表作品如《秋千》《读书女孩》《闩》《狄德罗》等。

# 1.1.4　印象主义绘画风格

AI painting appreciation

## AI 绘画欣赏

印象主义兴起于 19 世纪 60 年代末和 70 年代初，起源于法国，并对整个艺术界产生了深远影响。印象主义是对传统艺术规范的一场反叛。这一时期，摄影技术的发展让艺术家们对描绘现实的需求减弱，于是艺术家们开始追求更为主观、个性化的表达方式。

Tips:

印象主义的典型特征之一是轻松、自由的笔触。在提示词中，可以强调想要快速、宽松的笔触效果，以便 AI 绘画工具生成印象主义风格的作品。

Characteristics of the Impressionist painting style

## 印象主义绘画风格的主要特点

- 主观印象：强调对个体的主观印象，画家们试图通过自己的感觉和情感来表达对自然的独特理解，而不拘泥于客观的写实描绘。

- 大胆而自由的笔触：采用大胆而自由的笔触，使观众在远离画作时能够欣赏到整体的印象，而不是过分关注细节。

- 🗂 **色彩的纯净性：**强调使用纯净、明亮、饱和的颜色，摆脱了传统绘画中对深暗色调的依赖；通过色彩的纯净性来捕捉光的瞬间变化和带给人的感觉。
- 🗂 **光影效果：**注重捕捉光线的变化和效果；着重表现光在不同时间和场景中对色彩和形态的影响，强调光的独特性。
- 🗂 **不完整的构图：**常常采用不完整的构图，强调画面中的主观印象和观感，而不追求传统的完整构图。
- 🗂 **瞬间的捕捉：**试图捕捉瞬间的印象，强调时间的流逝和光影的变化，让观众感受到画面的生动与流动。

Case appreciation

# 案例欣赏

## >> 提示词分享

| 英文 | 中文 |
| --- | --- |
| City riverside, silhouettes of city buildings, changes in light and shadow in the river, tranquility, beauty, sunset, Impressionist brushstrokes, Claude Monet, light red and light gray style, multiple perspectives, majestic port, impressionist lights, neon impressionism, impressionistic landscape, light gray and light crimson --ar 4:3 --stylize 500 --v 6.0 | 城市河畔、城市建筑的剪影、河中光影的变化、宁静、美丽、日落、印象派笔触、克劳德·莫奈、浅红色和浅灰色风格、多重视角、雄伟的港口、印象派灯光、霓虹印象派、印象派风景、浅灰色和浅绯红色 -- 画面比例 4:3 -- 风格化 500 -- 版本 6.0 |

## 大师档案 | Master file

### ▶ 克劳德 · 莫奈

法国艺术家，印象主义绘画运动的重要代表之一，以对光影和色彩的独特表达而成为艺术史上的重要人物，对后来的艺术运动产生了深远的影响。代表作品如《印象·日出》《睡莲》等。

### ▶ 爱德华 · 马奈

法国艺术家，其作品对印象主义风格产生了深远的影响，尤其是在色彩和对光的处理上；其画风为印象主义绘画的崛起提供了一些先行者的范本。代表作品如《草地上的午餐》《奥林匹亚》等。

### ▶ 奥古斯特 · 雷诺瓦

法国艺术家，印象主义绘画运动的重要代表之一，以风格明快、明亮的描绘而著称；其作品展现出对光影和色彩的敏感，对日常生活的温馨和愉悦的表达。代表作品如《煎饼磨坊的舞会》《游艇上的午餐》等。

# 1.1.5 后印象主义绘画风格

AI painting appreciation

## AI 绘画欣赏

后印象主义是发生于 19 世纪末到 20 世纪初的一种绘画艺术运动，它在印象主义的基础上进一步发展，并包括一系列新的风格和技巧。后印象主义艺术家们对色彩、形式和表现手法进行了更为个性化和实验性的探索。

Tips:

点彩、色块、形状的抽象处理，是后印象主义风格的标志性特征。可以通过关键词使这些元素在画面中大量出现，从而更接近所需的风格。

Characteristics of the Post-Impressionist painting style

## 后印象主义绘画风格的主要特点

- **点彩主义**：一些艺术家采用了点彩主义的技法，即通过小点或小斑块来构建整体画面，使得画面在远处看来更为统一，而近距离观看则呈现出色彩的丰富性。

- **色彩的强调**：强调对色彩的情感表达，采用更为鲜艳和对比强烈的颜色，以传达更为主观的情感和观感。

- **形式的扭曲：** 一些艺术家对物体的形态进行了扭曲，将形式从自然主义的描绘中解放出来，追求更为抽象和独特的表现。
- **情感的表达：** 注重通过色彩和形式来表达内在的情感和心灵状态，强调艺术的个性和主观性。
- **艺术家的独立性：** 强调每位艺术家的个性和独立性，拒绝被束缚于传统规范，鼓励创新和实验。

Case appreciation
# 案例欣赏

## >> 提示词分享

| 英文 | 中文 |
| --- | --- |
| Rustic houses and dirt roads, rusty debris, ocean and coast, in the style of Impressionist landscapes, sky blues and whites, large paintings, extensive use of palette knives, sunsets, dappled light, muted tones, warm shades, rich colors, quick brushstrokes, fuzzy edges, serenity, romance, fantasy, natural forms, impressionist brushwork --ar 4:3 --chaos 50 --stylize 200 --v 6.0 | 乡村房屋和土路、生锈的碎片、海洋和海岸、具有印象派风景的风格、天蓝色和白色、大型绘画、调色刀的广泛使用、日落、斑驳的光线、柔和的色调、温暖的色调、丰富的色彩、快速笔触、模糊边缘、宁静、浪漫、幻想、自然形式、印象派笔触  -- 画面比例 4:3  -- 创意程度 50  --风格化 200  --版本 6.0 |

## | 大师档案 | Master file

### ▶ 保罗·塞尚

法国画家，印象主义和后印象主义运动的重要人物之一。其艺术风格在很大程度上超越了印象主义的界限，被认为是过渡时期的艺术家，对后来的现代艺术产生了深远的影响。代表作品如《蓝色山》《静物：苹果与橘子》等。

### ▶ 文森特·梵高

荷兰画家，后印象主义运动的重要代表人物之一。其作品富于独特的表现方式和深刻的情感表达，成为了艺术史上的经典。代表作品如《星夜》《向日葵》系列等。

### ▶ 保罗·高更

法国画家，活跃于印象主义和后印象主义时期，其作品在当时并未受到广泛认可，但后来对现代艺术的发展产生了深远的影响。独特视角和对色彩的创新性探索，使他成为后来的艺术家们追随的先驱之一。代表作品如《黄色基督》《巴比松的午后》等。

# 1.1.6 表现主义绘画风格

AI painting appreciation
## AI 绘画欣赏

表现主义兴起于 20 世纪初期，涉及绘画、戏剧和文学领域。表现主义强调对情感、内在体验和主观感受的表达，作品通常具有夸张、扭曲、简化和形式独特等风格，以传达艺术家对世界的强烈个人体验。

Tips:

表现主义艺术重视情感和心理状态的表达，通常通过夸张和变形的图像来实现。在提示词中，强调想要表达的情感，如愤怒、恐惧、忧郁等。

Characteristics of the Expressionist painting style
## 表现主义绘画风格的主要特点

- **夸张和扭曲：** 人物、景物和物体的形状被夸张地改变，使其脱离现实的存在方式，以强调画家内在的情感和心理状态。
- **独特的色彩：** 常常是非自然的、具有象征性的色彩，以传达情感和情绪，而不仅仅是对视觉现实的模仿。

- **笔触和纹理：** 强调画家的个性和表现力，因此笔触常常是粗糙、有力和充满情感的。使用如刷子、刮刀和拓印等工具或手法，以创造独特的纹理效果。
- **主观视角和情感表达：** 强调主观体验，试图通过自己的视角和情感表达出对世界的理解，与传统艺术中的客观描绘形成对比。
- **社会批判：** 关注社会问题，通过作品批判社会，反映出对社会现实的愤怒和关切。
- **非传统构图：** 通常采用非传统构图，打破常规的视觉形式，以更好地表达情感和主题。画面可能呈现出错综复杂的结构，使观众感到不安和困惑。
- **异化和变形：** 经常使用异化和变形的手法，通过改变人物和物体的外观，使它们看起来陌生而神秘，以传达内在的情感状态。

Case appreciation
# 案例欣赏

## >> 提示词分享

| 英文 | 中文 |
|---|---|
| A group of people screaming and showing exaggerated expressions to the camera, line strokes, brush strokes, hand drawn, distortions, styles are light orange blue, dark sky blue, light dark red, light yellow, animated expressions, nostalgic themes, whipping lines, purple and gold, Iconic work of art history, inspiring vision, expressionist style --ar 3:4 --chaos 50 --v 6.0 | 一群人对着镜头尖叫着并表现出夸张的表情，线条，笔触，手绘，扭曲，风格有浅橙蓝、深天蓝、浅深红、浅黄，动画表情，怀旧主题，鞭打线条，紫色和黄色，艺术史上的标志性作品，鼓舞人心的视觉，表现主义风格 -- 画面比例 3:4 -- 创意程度 50 -- 版本 6.0 |

## ▎大师档案▎ Master file

### ▶ 爱德华·蒙克

挪威艺术家，表现主义运动的先驱之一，以充满情感、独特而激进的艺术风格而闻名。其作品主要关注主观体验、情感和人类的存在，常常表达对生死、爱恨、孤独等主题的深刻思考。代表作品如《呐喊》《青少年》《夏夜》等。

> ▶ **基希纳**

德国艺术家，德国表现主义运动的先驱之一，其作品以强烈的色彩、扭曲的形式和对都市生活的描绘而著称，表达了对现代社会和人类存在的独特思考。代表作品如《柏林街景》《市场与红塔》等。

> ▶ **瓦西里·康定斯基**

俄罗斯艺术家，表现主义运动的先驱之一，其作品非常注重对色彩的运用，通过对色彩冷暖、明暗、强弱的把控，表现自身对世界万物浓烈的情感。代表作品如《秋》《冬》《乐曲》《即兴曲》《构图2号》等。

> ▶ **埃贡·席勒**

奥地利画家，其作品表现了强烈的表现主义风格，注重对人体的扭曲和独特的构图，充满情感和深刻的内在体验，突显出画家对艺术的个性化解读。代表作品如《斜卧的女人》《拥抱》《低着头的自画像》等。

# 1.1.7　立体主义绘画风格

## AI painting appreciation
## AI 绘画欣赏

立体主义起源于法国，是 20 世纪初期的一种现代艺术运动，试图通过多个视角和几何形状的组合呈现对主题的整体理解。

 Tips:

立体主义风格特征包括几何形状、分解的视角和重组的图像。在描述提示词时，尽量具体，如指定想要的色彩、主题、图像的排列和构图等。

## Characteristics of the Cubism painting style
## 立体主义绘画风格的主要特点

- ▫ **几何化：** 将绘画对象分解为基本的几何元素，这些元素被重新组合，以呈现主题的多个视角。

- ▫ **多视角和同时性：** 反映人眼在不同时间和角度观察事物的方式，使画面呈现出对物体全面理解的效果。

- ▫ **断裂和拼贴：** 将不同的视角和形状组合在一起，创造出一种视觉上错综复杂的效果，突破了传统的透视和画面平面性。

- ▫ **有限的色彩：** 采用简洁而明亮的色彩，强调几何形状和结构，而不是通过光影的渐变建立深度感。

🔲 **主观变形：** 不拘泥于客观的真实性，形式和结构经过夸张和变形，强调对主观表达的追求。

# 案例欣赏

## >> 提示词分享

| 英文 | 中文 |
|------|------|
| Villas in the woods, cubism, Picasso style, shattered planes, harsh lighting, large Murals, details of optical illusions, cartoon Violent Style --ar 4:3 --stylize 200 --v 6.0 | 森林中的别墅、立体主义、毕加索风格、破碎的平面、强烈照明、大型壁画、视错觉细节、卡通暴力风格　-- 画面比例 4:3　-- 风格化 200　-- 版本 6.0 |

## ┃大师档案┃ Master file

### ▶ 巴勃罗·毕加索

西班牙艺术家，立体主义的创始人之一，他与乔治·布拉克合作推动了这一艺术风格的发展。代表作品如《格尔尼卡》《亚威农的少女》等。

### ▶ 乔治·布拉克

法国艺术家，与巴勃罗·毕加索合作创立了立体主义，强调对绘画形式的几何化处理。代表作品如《玻璃杯和小提琴》等。

▶ 胡安·格里斯

西班牙艺术家，立体主义的重要代表人物之一，他在风格上保持了一些独有的特征，其作品以明亮的颜色和严谨的几何形状而闻名。代表作品如《向毕加索致意》等。

# 1.1.8 超现实主义绘画风格

AI painting appreciation
## AI 绘画欣赏

超现实主义起源于法国，是 20 世纪初期的一种艺术和文学运动，其核心理念是通过揭示潜在的无意识思想和梦幻般的元素，以挑战现实世界的理性和逻辑。

Tips:

超现实主义强调梦幻般的场景和意象，不受现实世界限制。超现实主义将现实世界元素与奇幻或梦境中的元素相结合，考虑在提示词中融合这些元素，创造出既熟悉又陌生的视觉效果。

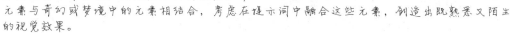

Characteristics of the Surrealist painting style
## 超现实主义绘画风格的主要特点

- **幻想和梦境：** 常常描绘出充满幻想和梦幻元素的场景，通过表现梦境般的景象来探索潜在的无意识思想和情感。
- **非现实和变形：** 常常包含不自然的元素，如扭曲的形象、变形的物体和非现实的场景，强调对传统视觉规则的挑战。
- **超感官体验：** 以奇异的颜色、不寻常的构图和光影效果创造超越常规感知的画面，从而引起情感共鸣。
- **意象的随机组合：** 将看似毫不相关的事物放在一起，以引发观者的思考和联想。
- **细节和技艺：** 通常以精致的细节和精细的技艺为特点，创造出具有强烈视觉冲击力的作品。
- **自由联想：** 不受传统的逻辑或合理性的拘束，倾向于表达梦幻、荒诞或荒谬的思想，突破传统的观念框架。

# 案例欣赏

## >> 提示词分享

| 英文 | 中文 |
|---|---|
| Islands surrounded by the ocean, melting clocks, flowing timepieces, flowing time, flying birds, In the style of desolate landscapes, dark cyan and light beige, in the style of Salvador dalí, hyper-realistic still life, in the style of surreal landscape, in the style of artificial environments, surrealistic dreams, expansive landscapes, mass-produced objects, juxtaposition of objects, muted seascapes, visionary surrealism, rationalist composition, organized chaos, details of optical illusions, realistic painted still lifes, post-war expressionism, subtle expressions, 1918‐1939 (interwar) --ar 4:3 --v 6.0 --stylize 200 --chaos 30 | 海洋环绕的岛屿、融化的时钟、流动的计时器、流动的时间、飞鸟、荒凉景观风格、深青色和浅米色、萨尔瓦多·达利风格、超现实主义静物、超现实主义风景风格、人工环境风格、超现实主义梦境、广阔的风景、大量生产的物品、并置的物品、柔和的海景、空想的超现实主义、理性主义构图、有组织的混乱、视错觉细节、写实的静物画、战后表现主义、微妙的表达，1918—1939年（战时）　--画面比例4:3　--版本6.0　--风格化200　--创意程度30 |

▶ 萨尔瓦多·达利

西班牙艺术家，超现实主义的杰出代表人物，其作品以独特的视觉风格和对时间的扭曲表达而著称。代表作品如《记忆的永恒》《内战的预兆》等。

▶ 勒内·马格利特

比利时画家，超现实主义重要人物，其作品以画面中带有些许诙谐及许多引人深思的符号语言而闻名。代表作品如《戴圆顶硬礼帽的男子》《夜的意味》等。

# 1.1.9 抽象表现主义绘画风格

AI painting appreciation

## AI 绘画欣赏

抽象表现主义是 20 世纪中期产生于美国的一种艺术潮流，在 20 世纪 50 年代达到鼎盛，具有强烈的个性和情感表达，强调对抽象形式和色彩的探索。

Tips:

抽象表现主义艺术往往旨在表达特定的情感或概念，关注形状、线条和颜色的组合，尝试用颜色和形状传达想要表达的情绪或思想。保持开放心态和创造性的思维，充分发挥创造力，可以让作品展现出独特的视角和情感。

Characteristics of the Abstract painting style

## 抽象表现主义绘画风格的主要特点

- **抽象性：** 核心特征是对具象的拒绝，追求抽象性。艺术家试图通过抽象的形状、线条和色彩表达情感和内在经验。
- **内在体验：** 将个人的内在情感、冲突和精神状态投射到作品中，通过作品表达内在的感觉和体验。
- **大胆的笔触和运动感：** 通常具有大胆而自由的笔触，艺术家们以极具冲击力的方式运用刷子或其他绘画工具，以表达内在的能量和动态。
- **色彩的重要性：** 色彩在抽象表现主义中至关重要，艺术家们运用大胆的色彩和色块，以营造情感氛围并引导观者的注意。

□ **涂鸦和滴漆技法：** 一些抽象表现主义的艺术家使用涂鸦、滴漆和抽象的图案，以创造更加自由和不受控制的效果。

□ **注重过程：** 对抽象表现主义者来说，艺术创作的过程比最终作品的形式更为重要，艺术家倾向于表达过程中的直觉和情感。

Case appreciation

# 案例欣赏

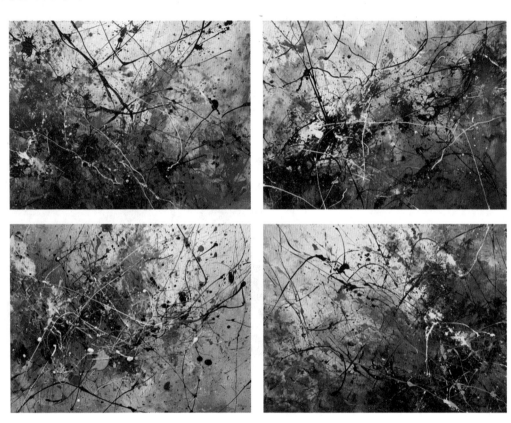

## >> 提示词分享

| 英文 | 中文 |
|---|---|
| Imagine the winter atmosphere, Jackson Pollock, dabbing and splashing, abstract shapes, warm color tones, line drawing, paint splattering, abstract expression of emotion, layers and blending, dynamism and flow, free expression, abstract expressionism style of painting --ar 4:3 --v 6.0 | 想象冬日的氛围、杰克逊·波洛克、点染与泼溅、抽象形状、暖色调、线描、颜料泼溅、抽象情感表达、层次与混合、活力与流动、自由表达、抽象表现主义绘画风格 -- 画面比例 4:3 -- 版本 6.0 |

## | 大师档案 | Master file

### ▶ 杰克逊·波洛克

美国画家，其作品以其创新的滴漆技法而著称。他将画布铺在地板上，使用滴漆的方式进行创作。代表作品如《秋韵：第 30 号》《薰衣草之雾：第 1 号》《大教堂》《蓝杆：第 11 号》等。

### ▶ 威廉·德·库宁

生活在美国的荷兰籍画家，其作品以抽象女性形象和动态为特色。代表作品如《女人与自行车》《粉红色天使》等。

# 1.1.10 波普艺术绘画风格

## AI painting appreciation
## AI 绘画欣赏

波普艺术于 20 世纪 50 年代在英国兴起，后流传入美国，强调消费文化、大众文化，最终在 20 世纪 60 年代成为美国主流的前卫艺术。波普艺术通过描绘日常生活中的流行文化符号和大众商品，挑战传统的高尚艺术观念，将大众文化元素引入艺术领域。

Tips:

波普艺术常常将日常物品和流行文化的元素作为主题，在生成时，可以将广告、漫画、明星、消费品等描述加入提示词中。

## Characteristics of the Pop art painting style
## 波普艺术绘画风格的主要特点

- **大众文化：** 着眼于大众文化，将日常生活中的大众商品、广告和娱乐等元素纳入艺术创作的范畴。
- **图像复制：** 广泛使用图像复制技术，包括丝网印刷和喷漆，以模拟大众文化中常见的图像和广告。
- **明亮的色彩：** 通常采用鲜艳明亮的色彩，以强调图像的生动性和引人注目的效果。
- **物件取材：** 常常选取日常生活中的物件，如汽车、食品、漫画、电视等，作为他们艺术创作的对象。

🖱 **幽默和讽刺：**对于大众文化的运用往往具有一种幽默和讽刺的成分，对社会现象进行批判或戏谑。

Case appreciation

## 案例欣赏

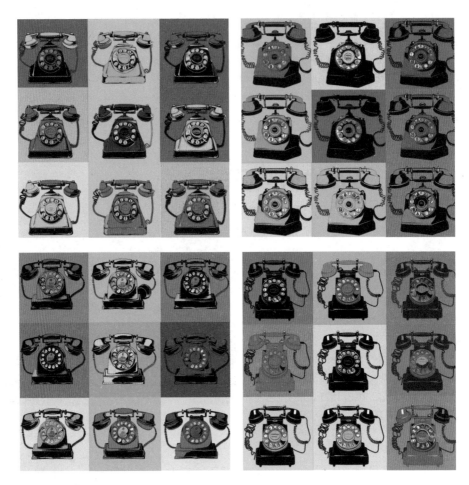

## >> 提示词分享

| 英文 | 中文 |
| --- | --- |
| Phone, pop art, pop art color schemes, in the style of repetitive, silkscreen, overconsumption, vanity and brand worship, excessive packaging, social media influence, advertising intrusion, mass production, sustainability, social anxiety, artificial demand creation, wealth inequality, fleeting happiness --ar 1:1 --niji 5 | 电话、波普艺术、波普艺术配色方案、重复风格、丝网印刷、过度消费、虚荣和品牌崇拜、过度包装、社交媒体影响、广告入侵、大规模生产、可持续性、社交焦虑、人工需求创造、财富不平等、转瞬即逝的幸福 -- 画面比例 1:1 -- 版本 niji 5 |

# |大师档案| Master file

### ▶ 安迪·沃霍尔

美国艺术界的一位重要人物，他是波普艺术运动的倡导者和领袖之一，也是对该运动影响最为深远的艺术家之一。沃霍尔以大胆尝试各种复制技法而闻名，包括凸版印刷、橡皮或木料拓印、金箔技术以及照片投影等。代表作品如《汤罐》系列和《玛丽莲·梦露》等。他的作品主张通过对大众文化符号的再现，打破了高尚艺术和大众文化之间的界限。沃霍尔常常选择复制大众文化图像，如名人头像和商品标志等，利用丝网版画等方式进行复制，以此强调大众媒体和消费文化对社会的影响。代表作品如《块头》系列和《马丁·路德·金肖像》等。

### ▶ 理查德·汉密尔顿

英国艺术家，波普艺术的领军人物，被称为"波普艺术之父"。代表作品如《是什么使今天的家庭如此不同，如此有吸引力？》等。

### ▶ 罗伊·利希滕斯坦

美国艺术家，波普艺术的代表人物，其作品以漫画和广告风格结合的绘画而闻名。他借用当时大众文化与媒体意象，以其标志性色调和大圆点（benday dots)的手法表现"美国人的生活哲学"。代表作品如《看呀米奇》《溺水之女》《M-Maybe》等。

#f8eee9

#ecd2a9

#db8656

#7d8881

#343a3d

# 1.2 国画风格

## 1.2.1 中国山水画绘画风格

### AI painting appreciation
## AI 绘画欣赏

中国山水画是中国画的重要组成部分，强调表现自然风光和山水景色，通常包括山脉、河流、湖泊、树木等自然元素。中国山水画注重意境和抽象表达，强调画家对自然景色的个人感悟，而非精确的写实。中国山水画讲究气韵生动，即通过墨色和构图表达自然景象的意境。

**Tips:**

传统的中国山水画注重山水的布局，山峰、流水、云雾等元素的安排非常讲究。可以在提示词中描述具体的山水布局，如高山、平缓的水流、峭壁、松树等。

中国山水画追求的不仅是自然景观的写实，更注重表达画家的情感和意境。可以在提示词中强调想要表现的氛围，如宁静、幽深、壮阔等。

### Characteristics of the Chinese landscape painting style
## 中国山水画绘画风格的主要特点

- **意境抽象：** 注重表达画家对自然景色的个人感悟和情感体验，强调艺术家的意境表达，通过抽象手法营造氛围和情感。
- **气韵生动：** 气韵是中国山水画中的一个重要概念。画家通过墨色、线条和构图，追求画面中景物的生动感，使观者能够感受到画面中所描绘的自然景象的气息。
- **留白和虚实结合：** 常常运用留白的手法，通过空白的部分表达大自然的辽阔和深远。
- **墨色运用：** 常常以墨色为主，通过深深浅浅的墨色表现山的远近、高低、光影等。
- **写意和工笔的灵活运用：** 既有写意画，也有工笔画，经常还将写意与工笔相结合。在写意与工笔相结合时，画家可以在整体上用写意的手法表达情感，而在局部采用工笔的技法刻画细节，使画面更加丰富。

# 案例欣赏

## >> 提示词分享

| 英文 | 中文 |
| --- | --- |
| Chinese landscape painting, ink painting, light gray and dark emerald green, in the style of large-scale painting, calm water, high contrast shadows, light orange and deep emerald green, hazy atmosphere, highly detailed environments, romantic scenery, watercolor painter, pastoral scenery, traditional scroll painting, Chinese painting of river scenery, the wilderness of fantasy --ar 1:2 | 中国山水画、水墨画、浅灰和深翠绿色、以大幅绘画的风格、平静的水面、高对比度阴影、浅橙色和深翠绿色、朦胧的气氛、高度详细的环境、浪漫的风景、水彩画家、田园风光、传统的卷轴画、中国画的河流风景、幻想的荒野　-- 画面比例 1:2 |

## |大师档案| Master file

### ▶ 董源

五代绘画大师，南派山水画开山鼻祖，与李成、范宽并称"北宋三大家"。他善于山水画，兼工人物、禽兽。代表作品如《夏景山口待渡图》《潇湘图》《夏山图》《溪岸图》《平林霁色图卷》等。

### ▶ 范宽

宋代绘画大师，因为性情宽厚豁达，时人称之为"宽"，于是以"宽"自名。其作品峰峦浑厚端庄，气势壮阔伟岸，令人有雄奇险峻之感。代表作品如《谿山行旅图》《雪山萧寺图》《雪景寒林图》等。

### ▶ 王希孟

北宋晚期著名画家，擅画山水。其在 18 岁时画成《千里江山图》后英年早逝。代表作品如《千里江山图》。

### ▶ 赵孟頫

南宋晚期至元朝初期的书法家、画家、文学家，强调"书画同源"，创立了元代的新画风，为元代画坛的领袖人物，有"元人冠冕"之誉。代表作品如《秋郊饮马图》《鹊华秋色图》等。

### ▶ 黄公望

元代画家，工书法，通音律，善诗词散曲，尤其擅画山水。代表作品如《富春山居图》《水阁清幽图》《天池石壁图》《九峰雪霁图》《富春大岭图》等。

### ▶ 董其昌

明代画家、书法家，擅于山水画。代表作品如《岩居图》《秋兴八景图》《昼锦堂图》《白居易琵琶行》《草书诗册》《烟江叠嶂图跋》等。

# 1.2.2 中国人物画绘画风格

## AI 绘画欣赏

中国人物画是中国绘画中的一个重要组成部分，以描绘人物形象为主题。中国人物画通常以人物的形象、神态、服饰和背景为主要表现对象，反映了中国社会、文化、历史和哲学的方方面面。

Tips:

中国人物画通常包含传统的服饰、装饰和背景元素，如旗袍、长袍、中国风景等。在提示词中加入这些元素，有助于 AI 绘画工具创造出具有中国特色的画面。

## 中国人物画绘画风格的主要特点

- **传统特色：** 中国人物画承载着深厚的文化传统，常常受到儒家、道家、佛家等不同思想流派的影响；画家通常注重表达人物的内在精神和文化修养。
- **古代服饰：** 人物通常穿着古代的服饰，不同朝代的服饰风格和细节反映在人物画中，有助于强调历史感和文化传统。
- **雅致风格：** 许多中国人物画追求一种雅致的艺术风格，注重画面的平和、静谧和内涵。
- **意境表达：** 追求意境和情感的表达，通过人物的表情、动作和环境传递画家的情感和思考。

- 🗐 **文人气息**：一些中国人物画着重描绘文人、雅士形象，强调其文学、书法、音乐等方面的才华和品位。
- 🗐 **传统技法**：通常采用传统的绘画技法，如线描、设色、水墨等。水墨画在中国人物画中尤为常见，其强调墨的浓淡和笔墨的运用。
- 🗐 **主题多样**：主题多样化，涵盖了历史人物、仕女图、山水人物等，画家可以通过不同的主题表达对生活、自然和人性的理解。

Case appreciation

# 案例欣赏

## >> 提示词分享

| 英文 | 中文 |
| --- | --- |
| The woman is sitting at a Chinese book table, in the style of graceful figures, nature motifs, delicate markings, dissolving, pensive poses, hand-coloring, traditional clothing --ar 1:2 --v 6.0 | 这个女人坐在一张中国的书桌旁、穿着优美的人物、自然的主题、精致的花纹、淡化的、沉思的姿势、手绘的风格、传统服饰 —— 画面比例 1:2 —— 版本 6.0 |

## ｜大师档案｜ Master file

### ▶ 顾恺之

东晋画家，精于人像、佛像、禽兽、山水等题材，作画重在传神，为中国传统绘画的发展奠定了基础。代表作品如《洛神赋图》《女史箴图》等。

### ▶ 阎立本

唐代画家，以人物肖像画著称。阎立本被誉为"丹青神化"，在绘画史上具有重要地位。

代表作品如《步辇图》等。

> ▶ **吴道子**

唐代著名画家，画史尊称为"画圣"，擅佛道、神鬼、人物、山水、鸟兽、草木、楼阁等题材，尤精于佛道、人物。代表作品如《送子天王图》《八十七神仙卷》等。

> ▶ **张择端**

北宋画家，其《清明上河图》集宋代各画种的高超技艺于一图。代表作如《清明上河图》《金明池争标图》等。

# 1.2.3　中国花鸟画绘画风格

## AI 绘画欣赏

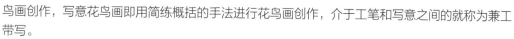

中国花鸟画是中国画的一大分支，凡是描绘对象为花、鸟、虫等植物和动物的画，都称为花鸟画。中国花鸟画的画法有"工笔""写意""兼工带写"3种。

工笔花鸟画即采用严谨细致的技法进行花鸟画创作，写意花鸟画即用简练概括的手法进行花鸟画创作，介于工笔和写意之间的就称为兼工带写。

Tips:

在绘制中国花鸟画时，需要提供清晰而具体的提示词，包括所希望的花卉和鸟类元素、画面构图、色彩特点等。提示词越具体，AI绘画工具理解期望就越容易。

## 中国花鸟画绘画风格的主要特点

- **写意和工笔灵活运用：** 除了专门的写意画和工笔画外，中国花鸟画还常常结合写意和工笔两种表现方式。写意强调形神兼备，追求意境和情感的抒发；而工笔则注重细致入微的描绘，追求形态的准确和细节的精细。
- **线条的运用：** 线条在中国花鸟画中非常重要。艺术家运用流畅而有力的线条描绘花叶、枝干和鸟的轮廓，以传达生动的形态和动态感。
- **意境追求：** 注重表达意境和情感，艺术家通过巧妙的构图、色彩搭配和笔触运用，使画面充满生气和情感，呈现出诗意的美感。
- **色彩的运用：** 色彩通常以淡雅、清新为主，色彩的搭配旨在表达花卉和鸟类的自然之美，突出画面的和谐与平衡。

- 🗊 **传统意象**：往往选择一些传统的文学意象，如梅、兰、竹、菊等花卉，以及鹦鹉、鸳鸯、孔雀等代表美好含义的鸟类，让画面有深厚的文化内涵。
- 🗊 **留白的运用**：常常运用留白，通过画面中的空白部分强化画面的层次感，使画面更富有灵性。
- 🗊 **笔墨韵味**：追求笔墨的韵味，强调墨色的层次和变化。在描绘花卉和鸟类的过程中，艺术家通过运用淡墨、浓墨、干墨、湿墨等不同墨色，创造出独特的艺术效果。

Case appreciation
# 案例欣赏

## >> 提示词分享

| 英文 | 中文 |
| --- | --- |
| Flowers, accurate bird specimens, trees in Song Dynasty brush paintings, Song Dynasty flower and bird paintings, ink paintings, brush paintings, Chinese paintings, Chinese ink paintings, Chinese style ink paintings, freehand, white drawings, poetic, lifelike, historical paintings --ar 1:2 --niji 5 | 宋代工笔画中的花卉、准确的鸟类标本、树木、宋代花鸟画、水墨画、工笔画、中国画、中国水墨画、中国风水墨画、写意画、白描画、诗意画、栩栩如生、历史画　-- 画面比例 1:2 -- 版本 niji 5 |

## ┃大师档案┃ Master file

### ▶ 韩干

　　唐代画家，年少时曾为酒店雇工，经诗人王维资助，学画十余年而艺成，擅绘肖像、人物、鬼神、花竹，尤其擅长画马，常常到马厩写生。代表作品如《牧马图》《照夜白图》等。

### ▶ 黄筌

五代绘画大师，擅长花鸟，所画禽鸟造型准确，骨肉兼备，形象丰满，赋色浓丽。代表作品如《写生珍禽图》等。

### ▶ 崔白

北宋画家，所画花鸟善于表现荒郊野外秋冬季节中花鸟的情态神致，尤其擅长败荷、芦雁等的描绘，手法细致，形象真实，生动传神，富于逸情野趣。代表作品如《双喜图》《寒雀图》《竹鸥图》等。

### ▶ 赵昌

北宋画家，是宋代花鸟画坛的杰出画家。代表作品如《四喜图》《粉花图》《写生蛱蝶图》等。

### ▶ 吴昌硕

晚清、民国时期著名画家、书法家、篆刻家，与任伯年、蒲华、虚谷合称为"清末海派四大家"。代表作品如《瓜果》《灯下观书》《姑苏丝画图》等。

### ▶ 八大山人

本名朱耷，号八大山人，明末清初画家，中国画一代宗师。朱耷是明朝宗室，明亡后削发为僧，后改信道教。其花鸟以水墨写意为主，形象夸张奇特，笔墨凝练沉毅，风格雄奇隽永。代表作品如《水木清华图》《荷花水鸟图》《松石图》等。

#c7e4eb

#3d84a9

#f0a52c

#bf5016

#4c3213

# 1.3 水彩风格

## 1.3.1 水彩风景画绘画风格

AI painting appreciation
### AI 绘画欣赏

水彩风景画是一种以水彩颜料为主要材料，通过在纸或画布上表达自然风光和景色的绘画艺术形式。水彩是一种有透明、淡薄、良好色彩渐变效果的颜料，水彩风景画具有轻盈与柔和的风格。

Tips:

水彩风景画的光影处理通常较为细腻，特别是如何利用水彩的透明性来表现光影变化。可以在提示词中指定柔和的光影效果。

Characteristics of the Watercolor landscape painting style
## 水彩风景画绘画风格的主要特点

- **色彩丰富：** 通常以透明的颜料为主，可以通过叠加不同的颜色实现丰富的色彩效果。
- **湿画法：** 常常利用湿画法，即在纸或画布上涂抹湿润的颜色，以便颜料可以自由流动。这种技巧可以产生流畅而自然的色彩渐变，特别适合表现水面、天空和其他自然元素。
- **负白技法：** 水彩画中的一种重要技法，指的是通过保留纸面上的白色区域表现光影。这种技法使得画面更具层次感，同时增强了对比度。
- **干刷法：** 一种在颜料未完全干燥时使用刷子进行涂抹的技法，可以产生独特的纹理效果。这种技法常用于描绘树木、岩石和其他细节。
- **层次感：** 通过叠加多层颜色，并运用深浅明暗的色彩对比，创造出立体感和远近感，使观者感受到画面的深度。
- **写意性：** 水彩风景画强调对自然景色的感情抒发和艺术家的主观表达，常常带有写意性。

# 案例欣赏

创意画师：AI 绘画艺术风格设计（70 集视频课）

## >> 提示词分享

| 英文 | 中文 |
| --- | --- |
| The sunlight in the sky through the clouds on the vast river in the middle of the canyon, the sparkling water, the canyon walls, the rocks, the canyon vegetation, the riparian vegetation, the blue sky, the clouds, the warmth of the light and shadows, the change of the sky tones, the harmony of the colors, the shadows and the highlights, the transparent effect of the watercolors, the negative-white technique, the gradation of the colors, the combination of the dots and the lines of the details, watercolor painting, Andrew Wyeth's style, dramatic canyon landscapes, realistic brushstrokes, wet-on-wet blending, northwest landscapes, grand landscapes, watercolors, color blending --ar 4:3 --v 6.0 | 天上的阳光透过云层撒在峡谷中间的浩瀚河流上、波光粼粼的水面、峡谷壁、岩石、峡谷植被、河岸植被、蓝天、云彩、光线的温暖与阴影、天空色调的变化、色彩的和谐、阴影与高光、水彩的透明效果、负白技法、色彩的渐变、点与线的组合细节、水彩画、安德鲁·怀斯的风格、戏剧性的峡谷风景、逼真的笔触、湿 - 湿的混合、西北风景、宏伟的风景、水彩画、色彩混合 -- 画面比例 4:3 -- 版本 6.0 |

## ┃大师档案┃ Master file

### ▶ 阿尔布雷特·丢勒

德国文艺复兴时期的杰出艺术家，他既是一位出色的木刻版画和铜版画家，同时也在水彩画领域取得了重要成就。代表作品如《启示录》《基督大难》《小受难》《祈祷之手》等。他在木刻版画和铜版画方面尤为突出，展现出了高超的造型能力，通过精细的刻工将环境描绘得非常真实。虽然他的油画和壁画也备受赞誉，但版画作品在他的艺术生涯中占据着重要地位。代表作品如《骑士、死亡、恶魔》《圣哲罗姆在他的书房里》《梅伦可利亚》等，这些作品展示了他在版画领域的卓越技艺和艺术成就。

### ▶ 保罗·桑德比

英国画家，被称为"英国水彩画之父"。他利用水彩工具创作了大量的风景画，常常采用透明的薄涂法直接作画，从而摆脱了水彩画对于钢笔画的依附。代表作品如《林区小景》《橡树下的小憩》等。

### ▶ 安德鲁·怀斯

美国现实主义画家，以其细致入微的风景画和人物画为主。他的作品以贴近平民生活的主题画而闻名。代表作品如《克里斯蒂娜的世界》《仔兔》《芝草》等。

### ▶ 温思格·荷马

美国艺术家，以其在美国艺术史上的突出贡献而闻名。其作品涵盖了多种媒介，包括油画、水彩画和版画。代表作品如《回头浪》等。

### ▶ 卡罗尔·埃文斯

加拿大风景画家，以绘制自然和野生动物而闻名，其水彩画呈现出细致入微和富有生命力的风格。代表作品如《晨雾》等。

# 1.3.2　水彩人物画绘画风格

# AI 绘画欣赏

水彩人物画利用水彩颜料表现人物形象，这类画作通常通过水彩颜料的透明性和轻盈感表达人物形态、情感和氛围。

Tips:

水彩人物画中，面部的表现非常重要。可以在提示词中强调细腻的面部细节，如眼神、表情等；同时使用水彩的渲染效果，以增加AI绘画工具生成作品的立体感。

# 水彩人物画绘画风格的主要特点

- **色彩丰富：** 在色彩运用上强调情感和个性化，可以通过丰富的色彩表达人物的情感、心境和特征。透明的水彩颜料让色彩看起来更加柔和和通透。

- **湿画法：** 在创作时常常采用湿画法，颜料在湿润的画纸上自由流动，创造出柔和的过渡和渐变，有助于表现人物的光影和肌理。

- **负白技法：** 在水彩人物画中比较常见，通过保留画面上的白色区域，强调光亮和高光部分，使画面更具立体感。

- **细节处理：** 通过运用细小的笔触和细致的描摹，表现人物的面部表情、服饰纹理等细节，增强人物形象的真实感。

- **背景营造：** 通过简约的背景或者模糊的背景突出人物，同时可以通过巧妙的背景设计增强整幅画面的氛围。

- **情感表达：** 常常注重表达人物的情感和内心世界，艺术家可以通过表情、动作和姿态等方式传达人物的情感状态。

# 案例欣赏

创意画师：AI 绘画艺术风格设计（70 集视频课）

## >> 提示词分享

| 英文 | 中文 |
|---|---|
| Woman sitting on a chair, looking straight ahead, long brown hair, elegant necklace, bright light yellow dress, smiling bright colors, warm tones, watercolor painting, Ted Nuttall style, transparent watercolor, wet colors fusion of fusion --ar 3:4 --v 6.0 | 坐在椅子上的女子、直视前方、棕色长发、优雅的项链、明亮的浅黄色连衣裙、微笑的明亮色彩、暖色调、水彩画、泰德·纳塔尔风格、透明水彩、湿润色彩的融合 -- 画面比例 3:4 -- 版本 6.0 |

## ┃大师档案┃ Master file

### ▶ 泰德·纳塔尔

美国水彩肖像画家，其笔下的人物生动活泼，色块叠加得恰到好处，斑驳通透、清澈明亮、干净利落。代表作品如《人物肖像》等。

### ▶ 查尔斯·雷德

美国著名水彩画家，同时精通水彩画和油画，并著有众多绘画技法书籍。其作品构图鲜明，色彩感觉神秘，对主题形象的捕捉快速巧妙，形神兼备。代表作品如《查尔斯·雷德水彩大师课：画面协调的奥秘》等。

### ▶ 唐·安德鲁斯

美国超级写实主义绘画的代表人物，擅长水彩画。其作品继承写实传统，又独树一帜，颇得人们心灵的共鸣和喜爱。代表作品如《克里斯蒂娜的世界》《仔兔》《芝草》等。

#f8eee1

#efdeca

#726f6e

#454444

#302a28

# 1.4 版画风格

## 1.4.1 木板版画绘画风格

AI painting appreciation

## AI 绘画欣赏

　　木板版画是在木板上刻出反向图像，再印刷出来的一种绘画艺术。由于其可复制的特性，因此木板版画在古代常用来印制插图、年画、笺谱、画谱等，对图像传播起到非常大的作用。

Tips:

　　木板版画的特点之一是其强烈、粗犷的线条和纹理。在描述提示词时，可以强调这种线条的风格和木纹的效果。同时，可以指定使用黑白色调、简单的双色或三色方案。

Characteristics of the woodblock painting style

## 木板版画绘画风格的主要特点

- **线条坚实：** 木板版画的线条通常显得坚实而清晰。在木板版画制作的过程中，雕刻出的线条会形成凹槽；当颜料填充这些凹槽后，线条的边缘会产生清晰的断裂感。
- **明暗对比：** 由于颜料被施加在雕刻的凹陷部分，因此木板版画常常表现出明显的明暗对比，使得图案中的光影效果更为突出。
- **粗糙的纹理：** 木块的木质纹理经常在木刻版画中可见。这种粗糙的纹理赋予作品一种自然和质朴的感觉。
- **简洁的颜色：** 由于每个颜色需要一个独立的木块和印刷过程，因此木刻版画通常采用简洁的颜色，从而形成独特的美感。
- **手工的痕迹：** 木板版画是一种手工艺，艺术家的个性和技巧常常通过手工制作的痕迹体现出来，刀具的压力和雕刻的深浅都可以在作品中表现出艺术家的个性。
- **逆向效果：** 木板版画的印刷是通过将模板上的图案用颜料传递到纸上，其最终呈现效果与原始设计是相反的，即线条和图案在版画上是凹陷的，而在设计稿上是凸起的。

# 案例欣赏

## >> 提示词分享

| 英文 | 中文 |
| --- | --- |
| A yurt covered with snow, and the steppe covered with snow and wind, yurts, black and white woodcuts, woodcut prints, clean lines, bold woodcut lines, steppe landscapes, folk realism, panoramas --ar 3:4 --v 6.0 | 白雪覆盖的蒙古包、风雪覆盖的大草原、蒙古包、黑白木刻、木刻版画、干净的线条、大胆的木刻线条、草原风景、民间现实主义、全景图 -- 画面比例 3:4 -- 版本 6.0 |

## 大师档案 Master file

### ▶ 伍必端

中国现代画家，曾为鲁迅小说《阿Q正传》《风波》《肥皂》《猫与兔》绘制木板版画插图，还为苏联作家绥拉菲摩维支所著《铁流》和富尔曼诺夫小说《恰巴耶夫》绘制插图。代表作品如《钢厂生活·在转折处》等。

### ▶ 伦勃朗·哈尔曼松·凡·莱因

详细介绍见 1.1.2 小节。

### ▶ 川濑巴水

日本明治和大正时代的著名版画家，以在美人画领域的杰出成就而闻名。他是"新版画运动"的关键人物之一，对日本版画的发展产生了深远的影响。代表作品如《东京十二景》《寺岛村的晚雪时光》等。

# 1.4.2  铜版画绘画风格

AI painting appreciation

## AI 绘画欣赏

铜版画的艺术创作起源于欧洲，在金属版上用腐蚀液腐蚀，或直接用针或刀刻制而成，属于版画中的凹版。铜版画具有庄重、典雅的特点，被认为是名贵的艺术画种。从德国的阿尔布雷特·丢勒、荷兰的伦勃朗·哈尔曼松·凡·莱因、西班牙的毕加索到法国的莫奈，历代很多大师热衷于铜版画的艺术创作，留下很多名作。

Tips:

　铜版画以其精细的线条和丰富的细节而闻名。在使用 AI 绘画工具时，可以在提示词中强调细腻的线条和复杂的细节。

Characteristics of the Copperplate etching art style

## 铜版画绘画风格的主要特点

▢ **线条的精细和清晰：** 通过雕刻凹槽形成图案，线条通常非常精细而清晰，在表现细节和纹理方面非常出色。

🗂 **光影效果：** 通过控制线条的深浅和密度，以及蚀刻的程度，创造出丰富的光影效果。

🗂 **质感和纹理：** 通过在铜板上雕刻和蚀刻的方式，可以表现出各种不同的质感和纹理，风格从细腻到粗犷均可。

🗂 **多样的印刷效果：** 铜版画可以产生不同的印刷效果，从单色到多色，从平面到立体。通过反复印刷或使用多个铜版，可以创造出复杂而多样的效果。

🗂 **手工修饰的可能性：** 完成印刷后，通常还可以进行手工修饰，如增强颜色、调整线条、添加细节等。

🗂 **可复制性：** 允许通过印刷制作多个相似的作品，使艺术品能够更广泛地传播，同时保持相对较高的质量。

🗂 **技术挑战：** 制作铜版画需要较高的技术水平，包括雕刻、蚀刻、印刷等多个步骤，这使得铜版画在技术上具有挑战性。

Case appreciation

# 案例欣赏

## >> 提示词分享

| 英文 | 中文 |
| --- | --- |
| The waves hit the rocks, forming large splashes, The moon in the picture shines light on the splashes through the clouds, There are two or three seagulls flying in the sky. Copperplate brush strokes, copperplate texture, etching, mezzotint, thick outline, illustration, black and white, abstract art --ar 3:4 --v 6.0 | 海浪冲击着岩石，溅起巨大的浪花，图中的月亮透过云层照射在浪花上，天空中有两三只海鸥在飞翔。铜版画笔描边、铜版纹理、蚀刻、金属版、粗轮廓、插图、黑白、抽象艺术　-- 画面比例 3:4 -- 版本 6.0 |

### |大师档案| Master file

▶ 阿尔布雷特·丢勒

详细介绍见 1.3.1 小节。

▶ 伦勃朗·哈尔曼松·凡·莱因

详细介绍见 1.1.2 小节。

# 1.4.3　丝网版画绘画风格

AI painting appreciation

## AI 绘画欣赏

丝网版画又称丝网印刷或丝印，是一种通过细密的网孔进行印刷的版画技术。丝网版画以其简单而高效的制作过程，以及可以产生丰富的颜色和图案的特点，从而受到艺术家和工业制造者的青睐。

Tips:

丝网版画以其鲜艳的色彩和平面化的视觉效果而著称，同时其常常具有强烈的图形设计感，包括简化的形状和清晰的轮廓。在提示词中，可以强调大胆的色块和平坦的色彩处理，以及简洁明了的图形和线条，可以使图像更符合丝网版画的简洁风格。

Characteristics of the Silkscreen printmaking art style

## 丝网版画绘画风格的主要特点

▢ **鲜艳而平滑的颜色：** 由于每种颜色需要使用独立的丝网版，因此艺术家能够轻松地实现颜色的分离和过渡，创造出鲜艳、平滑的色彩效果。

- **块状图案和平面效果**：丝网版画的制作过程使得艺术家可以轻松地创造块状图案和平面效果。这些图案可以是简单的几何形状，也可以是复杂的图像，使得丝网版画在设计中非常灵活。
- **细节的捕捉和表现**：尽管丝网版画以块状的外观而著称，但其仍然能够捕捉和表现一定的细节。细密的网孔可以细致地呈现图案的线条和纹理，使得细节在印刷品上清晰可见。
- **多层叠印的效果**：通常通过多次叠印不同颜色的墨层创建完整的图案。这种多层次的叠印效果可以使画面更加丰富和立体，增强视觉的深度和层次感。
- **手工干预的效果**：艺术家在丝网版画制作过程中可以进行手工修饰，如添加细节、调整颜色等，然而，每一幅丝网版画都有一定的独特性，体现了艺术家的个性和创意。
- **适用于多种材料**：不仅可以应用在纸张上，还适用于布料、陶瓷、金属等不同材料。

Case appreciation
# 案例欣赏

## >> 提示词分享

| 英文 | 中文 |
| --- | --- |
| Female head portrait, Andy Warhol style, Yayoi Kusama style, polka dot color dots, silk screen printing style, lithographic dot strokes --ar 4:3 --v 6.0 | 女性头像、安迪·沃霍尔风格、草间弥生风格、圆点色彩点、丝网印刷风格、平版印刷点画 -- 画面比例 4:3 -- 版本 6.0 |

## | 大师档案 | Master file

### ▶ 安迪·沃霍尔

详细介绍见 1.1.10 小节。

### ▶ 草间弥生

日本现代艺术领域的先锋，其作品涵盖了观念艺术、极简主义、草间主义等多个流派。她以独特的艺术语言探索了心灵、宇宙的主题。她的艺术实践中也使用了丝网版画技术，并运用这一技术创作出充满幻想、无限重复和极简元素的作品。代表作品如《南瓜》系列、《无限镜屋》系列等。

#e5cb9e

#e7ac93

#909457

#974c11

#2f363f

# 1.5 其他风格

## 浮世绘绘画风格

AI painting appreciation

## AI 绘画欣赏

　　浮世绘是日本的一种传统绘画，起源于 17 世纪中期江户时代。这一艺术形式在 18 世纪和 19 世纪达到巅峰，成为日本艺术史上的一个重要组成部分。浮世绘描绘生动，颜色明亮，经常对日常生活和戏剧性场景进行描绘。

Tips:

　　浮世绘使用鲜明且对比强烈的色彩。在提示词中，可以强调色彩的特点，以便 AI 绘画工具生成更符合期望的画作。

Characteristics of the Vkiyo-e painting style

## 浮世绘绘画风格的主要特点

- **生动的描绘：** 以生动、细腻的描绘而著称。艺术家们通过独特的线条和细节处理，使人物、景物和物体栩栩如生。
- **鲜艳的颜色：** 通常采用鲜艳、明快的颜色。浮世绘艺术家使用了各种颜料，包括日本的传统颜料和从西方引入的颜料。
- **强调线条和轮廓：** 线条非常突出，注重轮廓的表现，强调图像的清晰度和形式感。
- **扁平的透视：** 通常采用扁平的透视，追求简化的表现形式。
- **多色木刻印刷：** 浮世绘的制作过程中采用多色木刻印刷技术，每一层颜色都需要使用一块独立的木版，这样可以实现多层次的效果。
- **重复的模式：** 浮世绘中经常出现重复的模式，尤其是在描绘服装、背景或其他装饰性元素时。这种重复的设计增添了图像的装饰性和艺术性。
- **主题的多样性：** 主题非常多样，包括美人、戏剧、风景、历史事件等。艺术家们通过这些主题展示了对日本社会和文化的深刻理解。

# 案例欣赏

## >> 提示词分享

| 英文 | 中文 |
|---|---|
| In the spring, when the cherry blossoms are in full bloom, ukiyo-e style, simple colors, flat perspective, multi-color woodcut print --ar 4:3 --v 6.0 | 春天、樱花盛开、浮世绘风格、简单色彩、平面透视、多色木刻版画 -- 画面比例 4:3 -- 版本 6.0 |

## | 大师档案 | Master file

### ▶ 葛饰北斋

日本艺术家，浮世绘代表性人物。其作品涵盖了多种主题，包括风景、人物、动物和神话；艺术风格独特，影响了许多后来的艺术家。代表作品如《神奈川冲浪里》等。

### ▶ 安藤广重

后又名歌川广重，日本艺术家，浮世绘代表画家。其作品以对风景和自然的描绘而受到赞誉。代表作品如《东海道五十三次》系列等。

CHAPTER TWO

# 第 2 章↴
# 插画风格

ILLUSTRATIVE STYLE

#fce6ba

#f6a6ae

#faa070

#c4bbdb

#574d7e

# 2.1 渐变插画风格

AI painting appreciation

## AI 绘画欣赏

　　渐变插画使用渐变色彩和平滑的过渡，以此创造柔和以及富有层次感的插画效果。这种风格常常运用在数字艺术、平面设计和平面插画中，为作品增添了独特的视觉吸引力。

Tips:

　　渐变插画风格的核心在于使用渐变效果创建丰富的视觉体验。在提示词中，可以描述希望使用的色彩组合，如温暖色调到冷色调的渐变，或互补色之间的渐变。

Characteristics of the Gradient illustration style

## 渐变插画风格的主要特点

- 色彩渐变：插画中的色彩渐变通常很柔和，避免强烈的对比和明显的边缘，从而有助于创造出梦幻、舒适或宁静的氛围。
- 形状简化：通常以简化的形状为主，去除过多的细节，强调整体形状和结构。
- 光影效果：常常运用渐变色彩表现光影效果，强调物体表面的光线和阴影。
- 数字工具的运用：许多渐变扁平风格的插画是通过数字工具创建的，艺术家能够更灵活地调整颜色、渐变和图层效果，提高创作的效率。
- 抽象和超现实：受到科幻、奇幻元素的影响，一些渐变插画具有抽象或超现实的特点，这类作品常常通过对色彩和形状的独特处理，创造出具有幻想性和独特氛围的图像。

# 案例欣赏

## >> 提示词分享

| 英文 | 中文 |
|---|---|
| Illustration of a rocket flying around the galaxy in the style of flat gradients, subtle gradients, soft gradients, colorful skies, large murals, long shots, innovative, techy, futuristic, space backgrounds, digital art, Flat gradient style --ar 4:3 --stylize 700 --chaos 80 --v 6.0 | 火箭环绕银河系飞行的插图,采用平渐变、微妙渐变、柔和渐变、多彩天空、大型壁画、长镜头、创新、科技、未来主义、太空背景、数字艺术、平渐变风格　--画面比例 4:3　--风格化 700　--创意程度 80　--版本 6.0 |

# 2.2 描边插画风格

AI painting appreciation
## AI 绘画欣赏

描边插画通常以黑色或其他鲜明的颜色为主，通过精细的线条勾勒出主体形状和细节。这种插画风格强调轮廓和线条的清晰度，使画面看起来更为简洁和明确。

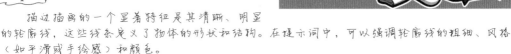

Tips:

描边插画的一个显著特征是其清晰、明显的轮廓线，这些线条定义了物体的形状和结构。在提示词中，可以强调轮廓线的粗细、风格（如平滑或手绘感）和颜色。

Characteristics of the Stroke illustration style
## 描边插画风格的主要特点

- **线条清晰：** 以清晰而精细的线条为主，突显物体的轮廓和形状。
- **简洁明了：** 通常避免过多的细节和繁复的表现，画面更为简洁明了。
- **色彩对比强烈：** 常常使用鲜明的色彩，使插画中的线条更为突出，增强视觉冲击力。
- **抽象或扁平化：** 有时会采用抽象元素，简化形状和色彩，使画面更富有设计感。
- **用途广泛：** 常被用于卡通、漫画、平面设计、动漫等领域，因其简洁明快的特点而受到欢迎。

Case appreciation
## 案例欣赏

## >> 提示词分享

| 英文 | 中文 |
|---|---|
| A girl sitting inside a bowl of plants, in the style of coral punk, candy core, ocean academia, comic art, pool core, shiny, glossy, cute and colorful, Thick line border illustration --ar 4:3 --niji 5 | 一个女孩坐在一盆植物里，风格为珊瑚朋克、糖果芯、海洋学术、漫画艺术、池芯、闪亮、有光泽、可爱而多彩、粗线边框插图 -- 画面比例 4:3 -- 版本 niji 5 |

# 2.3 扁平插画绘画风格

AI painting appreciation

## AI 绘画欣赏

扁平插画将物体和场景简化为基本的、平坦的形状和颜色，去除了多余的细节和阴影。这种风格通常强调简单、清晰的设计元素，致力于创造出直观、易于理解的图像。

Tips:

扁平插画风格的特征之一是其简化的形状和设计元素，减少不必要的细节，以清晰、直观的方式传达信息。可以在提示词中强调使用基本的几何形状和简化的对象轮廓。

# 扁平插画风格的主要特点

- **简化的形状：** 通过使用基本的几何形状，如圆形、矩形和三角形，来表示物体和元素，从而有助于创造出干净、明快的视觉效果。
- **清晰的轮廓：** 物体和元素的轮廓通常非常清晰，没有复杂的渐变或过渡，使图像更易于识别。
- **鲜艳的颜色：** 通常采用鲜明、生动的颜色，强调图像的亮度和清晰度，有助于吸引观众的注意力并传递积极、愉悦的感觉。
- **无阴影：** 通常避免使用阴影和光影效果，物体的表面是均匀的颜色，强调平面感。
- **图标化：** 常常以图标化的形式呈现，使图像更易于被识别和理解，使其在界面设计和图标制作中特别受欢迎。
- **适用于数字设计：** 在网页设计、移动应用设计和用户界面（User Interface, UI）设计等数字领域中得到广泛应用。这是因为扁平插画适用于小尺寸的图标和按钮，并且可以保持设计的一致性。

Case appreciation

# 案例欣赏

| 英文 | 中文 |
|---|---|
| A girl wearing a hat, front, wide angle, minimalist style, organic shapes and illustrations, lines, color blocks, Danish design, flat illustrations, Bright colors, bright tones, orange blue and yellow, 8K --ar 4:3 --stylize 300 --chaos 50 --niji 5 | 戴帽子的女孩、正面、广角、简约风格、有机造型和插图、线条、色块、丹麦设计、平面插图、鲜艳的色彩、明亮的色调、橙蓝色和黄色、8K －－画面比例 4:3 －－风格化 300 －－创意程度 50 －－版本 niji 5 |

# 2.4　矢量插画风格

## AI painting appreciation
## AI 绘画欣赏

　　矢量插画是使用矢量图形技术创建的数字图像。与位图图像（如 JPEG 或 PNG）不同，矢量图形是基于数学方程描述的图形，它们使用线、曲线、点和形状定义图像，而不是像素网格。

Tips:

　　矢量插画通常倾向于简化和抽象化地表现，减少不必要的细节，以突出主题和形式。可以在提示词中指出希望简化的程度和想要突出的元素。

## Characteristics of the Vector illustration style
## 矢量插画风格的主要特点

- **可伸缩性：** 具有无损伸缩性，无论放大多少倍，图像都不会失去清晰度。
- **可编辑性：** 由于矢量图形是由数学方程描述的，因此可以轻松进行编辑和修改，而不会损失图像质量。
- **小文件：** 只存储了绘图元素和规则，文件通常较小，有助于提高文件的加载速度和网络传输效率。
- **高质量：** 由于矢量插画使用数学公式定义图形，因此其边缘非常清晰，在打印和显示时能够保持高质量。

⊟ **平滑的颜色渐变：** 矢量图形支持平滑的颜色渐变，而不需要使用像素的颜色阶梯。

Case appreciation

# 案例欣赏

## >> 提示词分享

| 英文 | 中文 |
|---|---|
| Teachers day, teacher and his students, abstract Memphis style, bright color scheme, gradient colors, transparent texture, minimalism, simple, colorful illustration, UI illustration, white background, website --niji 5 --stylize 250 --ar 3:2 | 教师节、老师和他的学生、抽象的孟菲斯风格、明亮的配色方案、渐变颜色、透明纹理、极简主义、简单、彩色插图、UI插图、白色背景、网站　--版本 niji 5　--风格化 250　--画面比例 3:2 |

# 2.5 MEB 插画风格

## AI 绘画欣赏

　　MEB 插画采用比其他插画更大、更粗的描边。相比没有描边的扁平化风格插画，MEB 插画去除了不必要的色块区分，因而更简洁、更通用、更易识别。粗线条的描边起到了对界面的隔绝作用，凸显内容，表现清晰，化繁为简。

Tips:

　　MEB 插画往往使用鲜明、饱和的色彩，以及大胆的对比，来表达情感和氛围。在描述提示词时，可以强调使用鲜艳和对比强烈的色彩。

## MEB 插画风格的主要特点

- **特别粗的深色描线：** 以粗而圆的线条勾勒轮廓，通过粗线条表现可爱感，并且线条转折圆润，几乎看不到直角。
- **填色偏移：** 填色会偏移原有轮廓，以此塑造高光和阴影效果。
- **高饱和度配色：** 以简单的颜色搭配突出所描绘对象的特点；必要时在色彩上进行弱化，体现层次。
- **断线：** 大多采用一定的"断线"处理，并应用圆点增加线条的丰富感。

## 案例欣赏

## >> 提示词分享

| 英文 | 中文 |
|---|---|
| A boy standing behind the cash register surrounded by gifts, minimalist illustration, white background, green and yellow, doodle in the style of Keith Haring, sharpie illustration, MBE illustration, bold lines, in the style of grunge beauty, mixed patterns, text and emoji installations --ar 3:4 --stylize 150 --niji 5 | 一个男孩站在收银机后面、周围环绕着礼物、简约的插图、白色背景、绿色和黄色、基思·哈林风格的涂鸦、夏普插图、MBE 插图、粗线条、垃圾美风格、混合图案、文字和表情符号装置　-- 画面比例 3:4　-- 风格化 150 -- 版本 niji 5 |

# 2.6　2.5D 插画风格

AI painting appreciation

## AI 绘画欣赏

　　2.5D 插画是一种结合了二维（2D）和三维（3D）元素的艺术风格。这种风格在平面设计和插画领域中越来越流行，因为它创造出了一种立体感，同时保留了传统平面艺术的简约和清晰度。

Characteristics of the 2.5D illustration style

# 2.5D 插画风格的主要特点

- **立体感和深度：** 通过巧妙地融合二维和三维元素，创造出强烈的立体感和深度。
- **透视效果：** 经常利用透视效果，使物体在画面中的大小和位置看起来更真实。透视投影是实现插画中深度感的重要手段。
- **保留平面感：** 尽管引入了三维元素，但2.5D插画通常仍然保留了一定的平面感。
- **交互性和动画：** 常常用于动画、游戏设计和虚拟现实项目中。2.5D插画为用户提供了更丰富的视觉体验，使插画能够在不同场景中呈现出动态的特性。

Case appreciation

# 案例欣赏

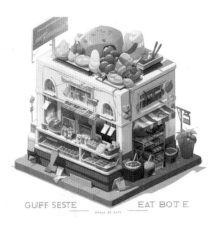

## >> 提示词分享

| 英文 | 中文 |
|---|---|
| Cute food shop, various snacks, beautiful signboard, isometric vector portrait, neat and organized store with wide variety of items, white background, bright warm colors, subtle gradients, minimalism, flat illustration, 2.5D illustration, Isometric perspective, architectural illustration, bright color scheme, fine gloss, 3D, C4d Blender, OC renderer, 4K, best quality, ultra detailed --niji 5 --stylize 450 | 可爱的食品店、各种小吃、漂亮的招牌、等距矢量肖像、整齐有序且商品种类繁多的商店、白色背景、明亮的暖色、微妙的渐变、极简主义、平面插画、2.5D 插图、等距透视、建筑插图、明亮的配色方案、精细光泽、3D、C4d Blender、OC 渲染器、4K、最佳质量、超详细 -- 版本 niji 5 -- 风格化 450 |

# 2.7 绘本插画风格

AI painting appreciation
## AI 绘画欣赏

绘本插画是指在儿童绘本中用于讲述故事、丰富情节的插图。绘本插画不仅仅是视觉辅助，还是故事情节的重要组成部分，与文字相辅相成，共同构建儿童文学作品。

Tips:

绘本插画通常使用明亮且富有表现力的色彩，以吸引读者，特别是儿童。可以在提示词中强调使用鲜艳的色调和有趣的色彩搭配。

Characteristics of the Illustration style of picture books
## 绘本插画风格的主要特点

- **富有想象力：** 通常具有强烈的想象力和创造力，能够吸引儿童的注意力，激发他们的想象和好奇心。
- **与故事情节融合：** 与文字相辅相成，共同构建故事情节。绘本插画通过表达情感、场景和角色特征，帮助儿童更好地理解故事。
- **明亮生动的色彩：** 常常采用明亮、生动、鲜艳的色彩，使画面更具吸引力，符合儿童对世界的好奇心和欢愉感。

- 🗇 **生动的表情和姿态：** 人物通常具有生动的表情和形象的姿态，以传达情感，帮助儿童更好地投入故事情节。

- 🗇 **重复性元素：** 有些绘本插画会采用一些重复性的元素，如隐藏在图中的小细节或角色，帮助培养儿童的观察和记忆能力。

- 🗇 **互动性设计：** 一些绘本插画通过设计一些互动性的元素，如折叠、拉动、弹跳等，增加儿童与图书的互动性。

- 🗇 **适应年龄阶段：** 风格和内容会根据目标年龄群体的认知水平和兴趣爱好进行调整，以确保绘本插画与读者的年龄相适应。

Case appreciation

# 案例欣赏

## >> 提示词分享

| 英文 | 中文 |
|---|---|
| The little white rabbit walked into the forest and was surrounded by colorful flowers, ancient trees and cheerful animals. Children's picture book style, healing illustration, Studio Ghibli style, brightly colored children's picture book, simple and bold composition, Color matching conveys positive and optimistic emotions, rich imagination and details --ar 4:3 --niji 5 | 小白兔走进森林，周围都是五颜六色的鲜花、古树和欢快的动物。儿童绘本风格、治愈系插画、吉卜力工作室风格、色彩鲜艳的儿童绘本、构图简单大胆、配色传达积极乐观的情绪、丰富的想象力和细节 -- 画面比例4:3 -- 版本 niji 5 |

### ▶ 李欧·李奥尼

李欧·李奥尼是一位著名的荷兰裔美国插画家、图形设计师和儿童书籍作者，以富有创意的绘本和深刻的寓意而闻名。李欧·李奥尼的作品经常以探讨友谊、自然和个人身份为主题，他的故事和插图以简洁、富有表现力的风格而受到儿童和成人的喜爱。代表作品如《一寸虫》《小黑鱼》《田鼠阿佛》《亚历山大和发条老鼠》等。

### ▶ 叶盈露

中国青年绘本插画家，自中国美术学院研究生毕业后，任教于中国美术学院插画与漫画专业，其作品多次获得中国插画金奖。代表作品如《洛神赋》《木兰辞》《忠信的鼓》等。

### ▶ 几米

原名廖福彬，中国台湾籍绘本画家，开创出成人绘本的新型式。代表作品如《森林里的秘密》《微笑的鱼》等。

# 2.8 水彩插画风格

## AI 绘画欣赏

水彩插画是使用水溶性颜料在纸或其他表面上绘制的艺术形式。水彩插画有着独特的质感和效果，常用于绘制插画、画册封面和艺术品等。

 Tips:

水彩插画的湿画技法能产生独特的色彩混合和渐变效果。可以通过提示词控制AI绘画工具指定想要达到湿画技法的效果，如颜色的自然流动和渗透。

## 水彩插画风格的主要特点

▢ **透明质感：** 水彩颜料透明度高，可使画面呈现柔和的质感，通过多层次的叠加而产生丰富的颜色变化。

- **流动效果：** 水彩颜料在纸上流动，形成独特的渐变和颜色过渡，呈现出自然、柔和的效果。
- **轻盈柔和：** 常常给人一种轻盈、柔的感觉，适合表现清新、梦幻或温暖的主题。
- **层次丰富：** 通过透明的水彩层叠，可以轻松表现画面的深度和层次感，使画面更为丰富和生动。
- **笔触多样：** 可以通过不同类型的刷子和笔触表现出各种线条和纹理，从而创造出各种细致的效果。
- **表达灵活：** 注重艺术家的灵活表达，因为颜料的流动和混合很难被完全控制，使得每一幅作品都具有独特性。

Case appreciation

# 案例欣赏

>> 提示词分享

| 英文 | 中文 |
|---|---|
| Watercolor flowers illustration, in the style of light red and light blue, delicate materials, eastern and western fusion, subtle shading, classical romanticism, loose composition, watercolor strokes --ar 3:4 --v 6.0 | 水彩花卉插画、淡红淡蓝的风格、材质细腻、东西方融合、浓淡微妙、古典浪漫主义、构图宽松、水彩笔触　--画面比例 3:4　--版本 6.0 |

# 2.9　新国风插画风格

### AI painting appreciation
## AI 绘画欣赏

　　新国风插画是一种结合中国传统文化元素和现代艺术风格的艺术表现形式。这种插画形式旨在传达对中国传统文化的独特理解，同时融入现代审美观念。

Tips:

　　新国风插画融合了传统中国元素与现代美学。在描述提示词时，可以强调传统中国文化的元素（如中国建筑、服饰、文物）与现代设计理念的结合。

### Characteristics of the New national style illustration style
## 新国风插画风格的主要特点

- **传统元素：** 将传统的中国元素融入插画中，体现了对中国传统文化的尊重和热爱。
- **时尚审美：** 注重时尚和现代审美，通过独特的构图、色彩搭配和线条处理，使插画更符合当代艺术品位。
- **造型独特：** 人物和物品的造型设计常常独具特色，既具有传统的古典韵味，又融入了一些现代化的设计元素，使之更符合时代氛围。
- **色彩丰富：** 插画中常使用丰富的色彩，不仅突出了传统元素的美感，还增添了现代感；色彩的搭配注重和谐与平衡。
- **情感含蓄：** 不仅仅是对传统文化的表达，还注重通过画面传递含蓄的情感。
- **线条运用：** 线条常常灵活运用，有时展现出传统的国画线描，有时则融入更现代的线条风格，形成独特的描绘方式。

- ▢ **文学意蕴：** 一些新国风插画通过巧妙的构思和细腻的描绘，体现出一种文学意蕴，使观者在欣赏的过程中感受到更深层次的内涵。

- ▢ **主题多样：** 创作主题广泛，可以涵盖历史传说、古典文学、戏曲、节令等，呈现出多样性的文化内涵。

Case appreciation

# 案例欣赏

## >> 提示词分享

| 英文 | 中文 |
|---|---|
| A little boy riding a lion in traditional Chinese clothing, exquisite clothing, simplicity, joy, happiness, design vector, vivid color scheme, sharp illustration, new national style illustration --ar 3:4 --niji 5 | 穿着中国传统服装骑着狮子的小男孩、精致的服装、简约、欢乐、幸福、设计矢量、鲜艳的配色、锐利的插画、新国风插画 -- 画面比例3:4 -- 版本niji 5 |

## ┃大师档案┃ Master file

### ▶ 倪传婧

中国香港插画师，2014年福布斯"30 under 30"（30位30岁以下）艺术榜榜单上最年轻的得主之一。代表作品如《一马当先》《风兽》《跃》《守护》等。

### ▶ 特浓 TN

江西九江人，非常励志的插画家。他的作品以新国风国潮插画为主，画风细腻灵动，勾线流畅优美，色彩丰富华丽，配色多以黄色、橘色和蓝绿色为主。其作品既有工笔画的严谨细致，也有扁平插画的简约利落。代表作品如《西湖十景》《梦长安》等。

# 2.10  治愈系插画风格

AI painting appreciation
## AI 绘画欣赏

治愈系插画以温暖、轻松、令人感到宁静和愉悦的情感为主题，通常通过柔和的色彩、可爱的角色，以及和谐的场景来传递治愈、宽慰的感觉。

Tips:

治愈系插画通常采用温暖和柔和的色调，以及简单、优雅的构图和不过分复杂的细节。在提示词中，可以强调使用温馨的色彩、简洁清新的画面效果。

# 治愈系插画风格的主要特点

- **色彩柔和**：常使用柔和、明亮的色彩，以传递轻松愉悦的情感，给人一种温暖的感觉。
- **形象可爱**：角色通常为可爱、简单的形象，可能是小动物、幼儿，或者带有童真性的人物，以引起观者的亲近感。
- **和谐的场景**：插画中的场景常常是和谐、宁静的，可能包括自然风景、小巷、温暖的家庭场景等，营造出宁静舒适的氛围。
- **情感共鸣**：传递积极的情感，让观者感受到一种治愈和宽慰。这种风格的插画，往往通过角色的眼神、动作和表情，使观者产生共鸣。
- **画面舒适**：通常采用简洁而清晰的线条，不过分注重细节，以强调整体画面的舒适感。
- **氛围愉悦**：整体风格强调轻松、愉悦、令人愉快的氛围，使人在观看时感到放松和愉快。

# 案例欣赏

>> 提示词分享

| 英文 | 中文 |
|---|---|
| A poster with a girl standing by and holding stars in the water. In the style of gouache, national geographic photo, trompe-details of optical illusions, animated film pioneer, installation-based, miniature illumination --ar 3:4 --v 6.0 | 海报上有一个女孩站在水中，手里拿着星星。水粉画风格、国家地理照片、视错觉细节、动画电影先驱、装置、微型照明　-- 画面比例 3:4　-- 版本 6.0 |

# 2.11　暗黑系插画风格

AI painting appreciation

## AI 绘画欣赏

　　暗黑系插画以阴郁、恐怖、奇幻或神秘主题为特点，常通过深沉的色彩、怪异的形象和阴暗的场景来传达一种不安、神秘或恐怖的氛围。

Tips:

　　使用 AI 绘画工具生成暗黑系插画时，选取适合暗黑风格的场景，如古堡、废弃的地下室、森林的深处等，以增强插画的主题感。

Characteristics of the Dark style illustration

## 暗黑系插画风格的主要特点

▢ **深沉的色彩**：色调通常较为沉闷和深沉，多用黑色、暗蓝、紫色等冷暗色彩，以营造出压抑和阴郁的感觉。

▢ **奇异而怪异的形象**：角色和元素常常具有怪异、畸形或超自然的特征，强调不寻常和神秘的氛围。

▢ **阴暗的场景**：场景设置通常是荒芜、阴森、废墟等，创造出一种朦胧的神秘感。

▢ **强烈的对比**：常使用强烈的对比，使黑暗与光明、生与死之间的对比更加显著，突出主题的冲突感。

▢ **注重情感冲击**：通过怪异和令人不安的画面元素，在观者心理上引发情感冲击，创造出不同寻常的艺术体验。

- ⬚ **超自然元素：** 常常加入超自然或幻想元素，如幽灵、妖怪、魔法等，强调神秘和不可知的力量。
- ⬚ **情节的复杂性：** 插画通常具有较为复杂的情节，可能涉及悬疑、惊悚、恐怖等元素，使观者感受到紧张和不安。
- ⬚ **概念性强：** 常常强调更深层次的概念，通过情感和主题的复杂性使插画更具思考性和深度。

Case appreciation
# 案例欣赏

## >> 提示词分享

| 英文 | 中文 |
| --- | --- |
| Haunted house poster art, Halloween elements --ar 3:4 --v 6.0 | 鬼屋海报艺术、万圣节元素 -- 画面比例 4:3 -- 版本 6.0 |

CHAPTER THREE

# 第 3 章 ↘
# 数字媒体视觉设计风格

DIGITAL MEDIA VISVAL
DESIGN STYLE

#f6db44

#eab61e

#69b8db

#1d7caf

#574d7e

# 3.1　现代主义风格

AI painting appreciation

## AI 绘画欣赏

现代主义风格是数字媒体视觉设计常用的设计方法，其受到 20 世纪初现代主义艺术和建筑的启发。这种设计风格强调简洁、功能性，以及对技术和工业的应用。

Tips:

现代主义风格强调简洁、抽象的线条和形状，避免不必要的装饰和细节，以强调设计的本质和纯粹。在提示词中，可以强调使用干净、直接的几何形状和清晰的线条，同时可以指出去除多余装饰，专注于形状、色彩和空间的使用。

Characteristics of the Modernist style

## 现代主义风格的主要特点

- **功能主义：** 强调功能性和实用性。设计中的元素被赋予特定的功能，避免过度的装饰，追求简洁和实用。
- **抽象：** 倾向于抽象表现，强调形式、色彩和线条，以表达感觉和情感。
- **科技和工业：** 崇尚科技进步和工业生产的可能性，在设计中表现为使用新材料、新技术和现代方法。
- **平面设计和排版：** 强调简洁的排列、清晰的线条和几何图形，这在印刷品和海报中尤为明显。
- **创新和实验：** 鼓励创新和实验性的设计和艺术表达，在各种领域中寻找新的形式、技术和语言。
- **跨学科性：** 强调不同学科之间的交叉和合作，艺术、建筑、设计和文学等领域之间的交流和互动变得更加频繁。
- **国际化：** 是一种国际性的运动，超越了国界和文化差异。现代主义风格在不同的地区产生了各种形式，但都有共通的理念。

73

# 案例欣赏

## >> 提示词分享

| 英文 | 中文 |
| --- | --- |
| Modern steel seat, Bauhaus style, realistic rendering, modernist style, minimalist furniture, surreal, cyberpunk, yellow and red, wooden, stainless steel, white background, studio lights, 1920 --ar 3:4 --v 6.0 | 现代钢制座椅、包豪斯风格、写实渲染、现代主义风格、简约家具、超现实、赛博朋克、黄色和红色、木质、不锈钢、白色背景、工作室灯光、1920 -- 画面比例 3:4 -- 版本 6.0 |

## ┃大师档案┃ Master file

### ▶ 勒·柯布西耶

　　法国建筑界的重要人物，被认为是现代主义和功能主义建筑的奠基人之一。他强调形式与功能的统一，提倡简约的几何形状和开放的设计。在他的作品中，我们可以看到对几何抽象和开放式空间的推崇。代表作品如《朗香小教堂》《萨伏伊别墅》等。作为一名建筑师、设计师和城市规划师，勒·柯布西耶被誉为"功能主义之父"，他在设计中注重实用性，提倡功能主义建筑风格。他创作了许多标志性的作品，展示了他对于功能主义理念的执着追求。代表作品如 LC1 扶手椅和沃拉沃里耶别墅等。总的来说，勒·柯布西耶是 20 世纪现代主义建筑的奠基人之一，他的作品和理念对建筑设计产生了深远的影响。

### ▶ 路德维希密斯·凡德罗

德国建筑师，现代主义的重要代表人物之一，他提倡"Less is more"的设计理念，着重强调结构的纯粹性和材料的真实性。代表作品如《巴塞罗那椅》《范斯沃斯住宅》等。他还是 20 世纪现代主义建筑的重要代表之一，他注重极简主义、开放式平面和玻璃幕墙设计。代表作品如巴塞罗那国际博览会德国馆和柏林新国家美术馆等。

### ▶ 瓦尔特·格罗皮乌斯

德国建筑师和设计师，倡导将艺术、工艺和工业相结合，推动现代主义设计在多个领域的发展。代表作品如《包豪斯校舍》等。

# 3.2　瑞士风格

## AI painting appreciation
## AI 绘画欣赏

瑞士风格的数字媒体视觉设计又称为瑞士式设计，是 20 世纪中叶起源于瑞士的一种设计风格，最初主要体现在平面设计和印刷品上。

Tips:

　　瑞士风格常常包括几何图案和简单的线条。在制作瑞士风格时，可以使用提示词创建各种几何形状和线条，以构建设计的基本元素。

## Characteristics of the Swiss style
## 瑞士风格的主要特点

- **简洁而有序的布局：** 强调简洁、有序、对齐的布局。在数字媒体视觉设计中，瑞士风格表现为清晰的网格系统、整齐的排版和明确的视觉层次结构。
- **大量使用白色空间：** 通常善用白色空间，使设计看起来开放、清爽，以提高用户体验。
- **无衬线字体：** 倾向于使用简单、无衬线的字体，使文字看起来清晰易读，从而有助于强调信息内容。

- **强调图形元素：** 使用简洁的图形元素，如线条、几何形状、简单的图标等，以增强设计的现代感和清晰度。
- **高对比度：** 常常采用高对比度的配色方案，使内容更加突出。黑白搭配和鲜明的颜色对比是其常见特征。
- **模块化设计：** 将设计划分为模块，使内容块可以独立操作或重新排列，有助于满足不同屏幕尺寸的要求。
- **信息导向：** 注重将信息直观、清晰地传达给用户，强调内容的重要性。
- **视觉平衡：** 通常追求视觉平衡，通过对称或近似对称的布局来实现，有助于保持整体设计的稳定感。
- **功能性导向：** 注重功能性，强调设计元素的目的和效果，避免过多的装饰和不必要的复杂性。
- **国际化和通用性：** 通常以国际性和通用性为目标，以适应不同文化和语境的用户。

Case appreciation
# 案例欣赏

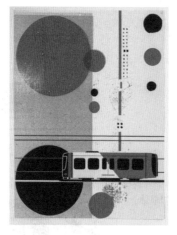

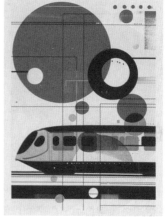

>> 提示词分享

| 英文 | 中文 |
|---|---|
| Subway minimalist design posters, bus flyers, Swiss design, in the style of bold outlines, flat colors, abstract minimalism appreciator, simplified colors, dotted, 1970 - present --ar 3:4 --v 6.0 | 地铁简约设计海报、公交车传单、瑞士设计、风格以粗体轮廓显示、平面色彩、抽象简约主义欣赏者、简化颜色、点线、1970 年至今 -- 画面比例 3:4 -- 版本 6.0 |

## ┃大师档案┃ Master file

### ▶ 约瑟夫·穆勒·布鲁克曼

瑞士著名的平面设计师和设计教育家，被称为"瑞士平面设计之父"。他的平面处理非常简洁、明晰，既有高度的视觉传达功能性，又有强烈的时代感。代表作品如《视觉传达史》《海报史》等。

### ▶ 阿尔明·霍夫曼

瑞士最有影响力的平面设计师之一，也是瑞士国际主义平面设计风格重要代表之一。他设计的一系列海报，都体现了他提出的各种元素统一、对比、和谐、平衡、美的设计思想和立场。1965 年，霍夫曼出版了自己的著作 *Grapnic Design Manual: Principles and Practice*（《平面设计手册：原则与实践》），书中完整阐述了他的设计思想和方法，是一本具有国际影响的著作。

# 3.3 构成主义风格

AI painting appreciation

## AI 绘画欣赏

构成主义始于 20 世纪初期，其强调艺术元素的构成和组织，主张通过几何形状、简化的视觉元素和抽象的表达方式，来达到对现实的更高层次的理解。

Tips:

构成主义虽然主要侧重于视觉和平面效果，但对材质和质感的探索也是其特点之一。可以在提示词中描述希望在作品中模拟的材质效果，如金属光泽、木材纹理或纸张感等。

# 构成主义风格的主要特点

- **抽象的几何形状：** 强调几何形状的简单性和纯粹性，几何形状被用来构建整体的设计结构。

- **平面构图：** 强调平面构图。数字媒体视觉设计中常常使用分明的平面将信息清晰地分隔开，以突出每个元素的独立性和重要性。

- **高对比度：** 通常强调黑白对比。数字媒体视觉设计中也常常看到高对比度的设计，以突显不同元素之间的关系，提高信息传达的效果。

- **动态元素：** 构成主义的一部分理念包括表现运动和动态感。在数字媒体视觉设计中，这可能体现为运动图形、动画效果及其他交互元素，使设计看起来更生动和有活力。

- **模块化设计：** 有时强调模块化和构建块的使用。数字媒体视觉设计中可能采用模块化的布局将内容划分为独立的模块，以便更灵活地调整和排列。

- **字体和排版：** 通常使用大胆的、简单的字体，排列方式可能更注重几何结构，以增强设计的整体感。

- **技术表现：** 强调技术表现。数字媒体视觉设计中往往会充分利用现代技术，如高分辨率图形、交互性设计、动画等，以展现数字媒体的现代感。

- **实验性质：** 倡导实验性。数字媒体视觉设计中可能看到一些创新的设计元素，尝试突破传统界限，以寻求新颖的艺术体验。

# 案例欣赏

## >> 提示词分享

| 英文 | 中文 |
| --- | --- |
| The composition of points, lines and planes, Constructivism, Russian Constructivism, Tatlin, Kandinsky 1914, --ar 3:4 --v 6.0 | 点、线、面的构成，构成主义，俄罗斯构成主义，塔特林，康定斯基 1914 -- 画面比例 3:4 -- 版本 6.0 |

## 丨大师档案丨 Master file

▶ 弗拉季米尔·塔特林

俄罗斯艺术家、雕塑家和设计师，构成主义运动的重要人物之一。代表作品如《第三国际纪念碑》等。

▶ 卡济米尔·马列维奇·穆列维奇

俄罗斯艺术家，构成主义的先锋人物之一。代表作品如《黑方块》《白色上的白色》等。

# 3.4 艺术装饰风格

## AI 绘画欣赏

艺术装饰风格于 20 世纪初期起源于法国，并迅速传播到全球。这一风格涵盖建筑、室内设计、工艺品、时尚、绘画和雕塑等多个领域。

**Tips:**

艺术装饰风格常常包含浮雕和立体感强烈的元素。在使用 AI 绘画工具生成艺术装饰风格的图像时，可以考虑在提示词中强调阴影和高光，以突出装饰物的浮雕效果。

## 艺术装饰风格的主要特点

- **几何图案和对称性：** 倾向于大胆使用几何图案，如阶梯状图案、直线和曲线等。数字媒体视觉设计中采用这些图案来构建网页布局、背景元素或图标设计。
- **镜面和金属质感：** 通常包含大量镜面和金属质感。数字媒体视觉设计中运用镜面效果、金属色调或反光效果，以增加设计的豪华感和现代感。
- **艳丽的颜色：** 常常采用明亮而富有对比的颜色，如红、黄、绿、黑和白，以吸引视觉注意力。
- **装饰性的字体：** 字体通常是华丽且富有装饰性的。
- **对流线型的偏爱：** 对于流线型和动态感的运用较为独特。数字媒体视觉设计中采用流线型的元素，如在图形和排版上使用曲线和流畅的线条。
- **奢华和精致的元素：** 注重奢华和精致的设计元素。数字媒体视觉设计中采用精美的插图、图标或其他装饰性的元素来提升设计感。
- **大自然元素：** 常使用大自然的元素，如植物、花卉、动物等。数字媒体视觉设计采用这些图案作为装饰性的设计元素。
- **现代科技：** 使用现代的技术手段，以增强装饰艺术的效果。

# 案例欣赏

## >> 提示词分享

| 英文 | 中文 |
|---|---|
| Art Deco butterfly pendant, light aquamarine and gold, Golden Age illustration, Art Deco style, gemstones, Art Nouveau, enamel dragonfly brooch, gold and aquamarine, realistic use of light and color, gemstone art, dark background --ar 3:4 --v 6.0 | 装饰艺术蝴蝶吊坠、浅海蓝宝石和黄金、黄金时代插图、装饰艺术风格、宝石、新艺术、珐琅蜻蜓胸针、黄金和海蓝宝石、光和颜色的现实运用、宝石艺术、深色背景 -- 画面比例 3:4 -- 版本 6.0 |

# 3.5　极简主义风格

## AI 绘画欣赏

　　在数字媒体领域中，极简主义设计是一种受欢迎的设计风格，它强调简单、清晰和精简的视觉设计。这种设计风格通过去除多余的装饰来专注于核心信息，提供简洁而直接的用户体验。

Tips:

　　极简主义作品通常采用非常有限的色彩范围，有时甚至是单色调。可以在提示词中描述希望使用的简洁色彩方案，强调中性色彩或少量鲜明色彩作为视觉焦点。

## 极简主义风格的主要特点

▢ **简洁的用户界面：**注重简化用户界面，去除烦琐的元素，使用户能够更轻松地理解信息。

▢ **清晰的排版：**使用大而清晰的字体，通过简单的排版结构，确保信息以直观的方式呈现给用户。

▢ **极简的图标和图形：**使用简单的图标和图形，避免过多的细节，强调形状的基本元素。

▢ **高对比度：**通常使用清晰的对比，确保文本和图像在背景上能够清晰可见。

▢ **单色或双色调：**采用单色或双色的配色方案，以增强整体的简洁感。

▢ **使用负空间：**合理利用负空间，即页面上未被占用的空间，以增强焦点和美学。

▢ **强调功能性：**突出产品或服务的核心功能，确保用户能够迅速理解和使用。

▢ **简单的动画效果：**如果使用动画效果，通常是简单而流畅的动画，以提高用户体验。

▢ **内容为王：**倡导内容为王，强调将关键信息直观地传达给用户。

# 案例欣赏

## >> 提示词分享

| 英文 | 中文 |
| --- | --- |
| Clack and white illustration of a female fashion icon, cartoon character, monochrome character, minimalism, minimal thick line logo, black and white monochrome, anime-inspired characters, subtle expressions, Asian-inspired, line art, flat illustration, base prompt only --niji 5 --ar 3:4 --stylize 600 --chaos 60 | 女性时尚偶像的黑白插图、卡通人物、单色人物、极简主义、最小粗线标志、黑白单色、动漫风格的人物、微妙的表达、亚洲风格、线条艺术、平面插图、仅基本提示 -- 版本 niji 5 -- 画面比例 3:4 -- 风格化 600 -- 创意程度 60 |

# 3.6　超现实主义风格

## AI 绘画欣赏

超现实主义于 20 世纪初期在艺术和文学领域兴起，其核心理念是通过超越现实世界的逻辑和理性表达潜在的梦幻和意象。

Tips:

超现实主义强调想象力和自由表达，不要受限于现实的束缚，大胆尝试融合不同元素，可以创造出超越日常的场景。

## 超现实主义风格的主要特点

- **非现实元素：**利用数字技术，设计师可以将非现实的、梦幻的元素融入设计中，创造出超越现实的视觉效果，创造出充满幻想的场景、奇异的生物和异域的色彩。
- **交互式体验：**利用虚拟现实技术，设计师可以创造出身临其境的虚拟场景，增强用户的交互式体验。
- **动画和特效：**通过动画和特效，实现场景和角色的变形、漂移等非现实的运动效果。
- **混合媒介：**创作者可以结合多种数字媒介，如图像、视频、音频等，创造出具有强烈想象力和超现实感的作品。
- **数字合成：**利用数字合成技术，将不同的数字元素融合在一起。
- **社交媒体和滤镜应用：**超现实主义效果常常在社交媒体平台和滤镜应用中使用，用户可以通过应用程序将超现实元素应用于自己的照片和视频中。

## 案例欣赏

## >> 提示词分享

<table>
<tr><td><u>英文</u></td><td><u>中文</u></td></tr>
<tr><td>A woman stands in the water next to pink jellyfish. Made from surreal photorealistic photography, surreal 3d landscape, natural landscape, made of plastic, orange and sky blue, suspended creature, ethereal creature --ar 16:9 --v 6.0</td><td>一个女人站在水里，旁边是粉红色的水母。由超现实主义摄影、超现实 3D 景观、自然景观、塑料、橙色和天蓝色、悬浮生物、空灵生物制成　--画面比例 16:9　-- 版本 6.0</td></tr>
</table>

# 3.7　后现代主义风格

AI painting appreciation
## AI 绘画欣赏

后现代主义是 20 世纪后半叶兴起的一种文化、哲学和艺术运动，其核心理念是反对现代主义的理性、秩序和统一性，强调多元性、相对性和超越传统边界。后现代主义在艺术、文学、建筑、哲学、社会等多个领域都产生了深远的影响。

### Tips:

后现代主义作品往往鼓励多种解读，反映了主观性和相对性的观点。可以考虑通过提示词控制 AI 绘画工具，使其在生成的后现代主义中加入开放性的元素，允许不同的观众有不同的理解。

# 后现代主义风格的主要特点

- **多元性和混合性：** 倡导各种文化元素和风格的混合。后现代主义采用多元视角，将不同的文化、历史和艺术风格融合在一起，突破传统边界。
- **相对主义：** 拒绝绝对真理和客观性，强调观点的相对性，认为真理是多样的、主观的，不存在普遍适用的规范。
- **超文本和超媒体：** 引入了超文本和超媒体的概念，即通过非线性的、多通道的方式呈现信息，打破了传统线性叙事的结构。
- **去中心化：** 对权威表示怀疑，倾向于去中心化的思维方式，强调分散的权力和权威。
- **反讽和模仿：** 常常运用反讽和模仿，通过戏仿、变异、转化传统元素等方式表达对权威和传统的态度。

Case appreciation
# 案例欣赏

## >> 提示词分享

| 英文 | 中文 |
|---|---|
| Memphis design, postmodernism, interior design, arches, secret gardens, desert plants, fantasy, minimalism, geometric shapes, science fiction art, bold compositions, psychedelic colors, colorful --stylize 550 --chaos 50 --niji 5 | 孟菲斯设计、后现代主义、室内设计、拱门、秘密花园、沙漠植物、幻想、极简主义、几何形状、科幻艺术、大胆构图、迷幻色彩、多彩 -- 风格化 550 -- 创意程度 50 -- 版本 niji 5 |

# 3.8 材质设计风格

AI painting appreciation

## AI 绘画欣赏

材质设计是关注物体外观质感和表面特性的一门艺术。这种设计涵盖了图形设计、产品设计、建筑设计等多个领域，通过对材料的选择、纹理的运用、颜色的搭配等手段，旨在创造出具有特定触感和视觉效果的作品。

 Tips:

材质设计借鉴现实世界的光照和阴影效果，以创建深度和层次感。在描述提示词时，可以强调使用光源、阴影和反光来模拟物理世界的视觉效果。

Characteristics of the Material design style

## 材质设计风格的主要特点

- **表达质感：** 通过视觉和触感传达物体的质感，使人能够感受到其表面的特性，如光滑、粗糙、柔软等。
- **纹理和图案：** 纹理和图案是材质设计的重要组成部分，设计师通过巧妙地运用纹理和图案，为作品赋予独特的外观和个性。
- **色彩搭配：** 色彩对于材质设计同样至关重要，设计师通过巧妙的色彩搭配，强调或柔化材质的特性，营造出不同的氛围。

- **实体感和立体感：** 通过光影、反射和阴影的处理，创造出物体的实体感和立体感，使其看起来更加真实。
- **材质映射：** 利用材质映射技术，将各种纹理和图案贴附到物体表面，实现对真实世界材质的模拟。
- **与功能关联：** 在产品设计中，材质设计通常与物体的功能和用途密切相关，不同的材质选择能够影响产品的性能和寿命。
- **虚拟材质设计：** 随着计算机图形技术的发展，材质设计也可以通过算法和计算机模拟实现各种材质效果。
- **手绘风格和抽象效果：** 在一些艺术和设计中，设计师可能选择刻意营造手绘风格或抽象效果，以突出作品的艺术性。

Case appreciation

# 案例欣赏

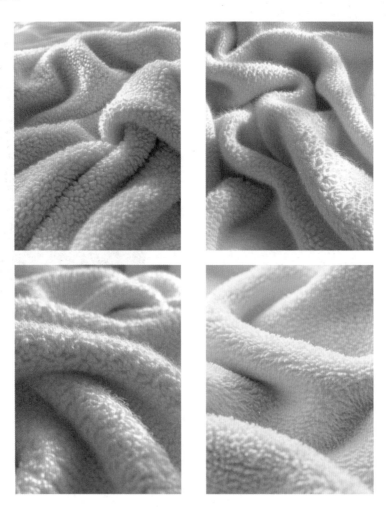

>> 提示词分享

| 英文 | 中文 |
| --- | --- |
| White flannel material, short fleece design, straight fleece style, high-quality wool fabric, real fashion, 3D modeling (C4D) style, post-production (OC rendering) effect, high-definition visual experience, professional shooting techniques, excellent craftsmanship skills, warm design concept, organic line outline, bright gloss effect, fine detail expression --ar 3:4 --v 6.0 | 白色绒布材质、短绒设计、直绒款式、优质羊毛面料、真实时尚、3D 建模（C4D）风格、后期制作（OC 渲染）效果、高清视觉体验、专业的拍摄技术、精湛的工艺技巧、温馨的设计理念、有机的线条轮廓、明亮的光泽效果、细腻的细节表达 -- 画面比例 3:4 -- 版本 6.0 |

# 3.9 复古和怀旧风格

AI painting appreciation

## AI 绘画欣赏

复古和怀旧风格将复古元素和怀旧情感结合，旨在通过复古的设计元素唤起过去时光的回忆和怀旧感，创造一种温馨、亲切、具有故事感的氛围。

Tips:

复古和怀旧风格常常借鉴特定时代的色彩方案，如 20 世纪中叶的饱和度较高的色彩，或者早期黑白及棕褐色调的照片风格。可以在提示词中指定想要模仿的时代和其典型的色彩方案。

Characteristics of the Retro and Nostalgic style

## 复古和怀旧风格的主要特点

▱ **复古元素：** 使用波点、花卉、条纹等经典的复古图案，同时加入一些仿旧的纹理效果或复古色，使设计看起来更加古老、有历史感。

- **怀旧色彩**：常采用怀旧色调，如深褐色、古铜色、宝石绿等，这些颜色常常与过去的时光和记忆相联系。
- **怀旧家具和装饰品**：选择具有怀旧感的家具和装饰品，可能是老式的家具、褪色的照片或者复古的小摆件，以强化设计的怀旧氛围。
- **老旧的摄影风格**：在视觉呈现上采用老旧的摄影风格，如模拟老照片的颜色和质感，使设计更贴近历史感。
- **复古字体**：使用具有怀旧感的字体，或是仿古的手写字体，以营造旧时印刷和广告的味道。
- **故事性设计**：将设计融入故事性元素，通过场景、角色或物品，唤起人们对过去的回忆和情感，使人们感受到时光的流逝和记忆的沉淀。
- **怀旧音乐和声音**：结合怀旧的音乐或声音效果，如老式唱片的噪音、复古广播的声音，为设计增添复古的氛围。
- **手工艺感**：强调手工艺感和传统工艺，使设计看起来更加古老、精致。

Case appreciation
# 案例欣赏

## >> 提示词分享

| 英文 | 中文 |
|---|---|
| Girl wearing flight jacket and jeans, retro hairstyle, flat illustration, 80s, retro tones, grainy texture, handmade brushstrokes, vintage pattern, faded effect, retro elements, old time sense, retro clothing --ar 3:4 --niji 5 | 穿飞行夹克和牛仔裤的女孩、复古发型、平面插画、80年代、复古色调、颗粒感、手工笔触、复古图案、褪色效果、复古元素、旧时光感、复古服装 -- 画面比例3:4 -- 版本niji 5 |

# 3.10 拟物设计风格

AI painting appreciation
## AI 绘画欣赏

拟物设计风格通过模仿世界的真实对象和材质，使数字界面看起来和现实中的物体更相似。这种设计风格在早期数字界面设计中非常流行，但现在人们往往更倾向于选择扁平化的设计。

Tips:

　　拟物设计风格的核心在于模拟现实世界中物体的质感和细节，如木质、金属、玻璃等材质的质感。在描述提示词时，可以强调希望模拟的特定材质及其特性。

Characteristics of the Simulated design style
## 拟物设计风格的主要特点

- **模仿现实：** 通过模仿真实物体的外观、质感和行为，力图使数字界面更贴近现实生活。
- **质感和纹理：** 设计中常使用具有质感和纹理的元素，如木纹、皮革纹理、金属光泽等，以模拟真实物体的触感和外观。
- **光影效果：** 注重模拟物体的光影效果，如阴影、反光和光影，以增强真实感和深度感。

- ▢ **仿真动画：** 元素的动画效果常常模仿物理世界中的运动，如按钮的按下和弹起效果，以营造真实感。
- ▢ **真实尺寸和比例：** 设计元素的尺寸和比例通常与真实物体相符，以使用户感到熟悉。
- ▢ **细节考虑：** 注重细节，如按钮边缘的倒角、物体的阴影和反光，以呈现出真实物体的精确特征。
- ▢ **图标设计：** 图标可能会模仿真实物体的外观，如日历图标呈现出一个真实的日历页面，垃圾桶图标看起来像真实的垃圾桶等。

Case appreciation

# 案例欣赏

## >> 提示词分享

| 英文 | 中文 |
| --- | --- |
| Clock illustration, off-white background conveys a warm feeling, reality, front view, minimalist design, 4K --ar 1:1 --v 6.0 --stylize 500 --chaos 60 | 时钟插画、灰白色背景传达温暖的感觉、真实、正视图、简约设计、4K -- 画面比例 1:1 -- 版本 6.0 -- 风格化 500 -- 创意程度 60 |

# 3.11 暗色模式主义风格

## AI 绘画欣赏

AI painting appreciation

暗色模式主义将用户界面的颜色主题更改为较暗的调色板，以降低亮度并减少眼睛的疲劳。这种设计趋势在移动应用、操作系统和网站中变得越来越流行，可使用户能够在低光环境下更轻松地使用设备，并在夜间使用时减少眼睛的疲劳。

Tips:

暗色模式主义的核心特征是使用深色背景（如深灰色、深蓝色或黑色）来减少亮度，提供对眼睛更为友好的视觉体验。在提示词的描述中，可以指定背景色的具体色调。

## 暗色模式主义风格的主要特点

Characteristics of the Dark pattern style

- **降低亮度：** 通过使用深色的背景和较亮的文本颜色降低整体的亮度水平，从而减少在低光照环境下对眼睛的刺激。
- **提升对比度：** 提升深色背景和亮色文本之间的对比度，使文本和界面元素更为清晰和易读。
- **护眼效果：** 在夜间或低光环境下使用时，可以提供更加舒适的阅读体验。
- **省电：** 使用暗色模式可以关闭深色像素，从而减少能源消耗。
- **现代感：** 通常被认为更时尚和现代。
- **可定制性：** 一些应用和操作系统允许用户根据个人喜好选择使用暗色模式或浅色模式，增加用户体验的可定制性。
- **响应用户需求：** 许多用户更喜欢在夜间使用暗色模式，因为它减少了蓝光的发射，有助于更好地适应自然的昼夜节律。

# 案例欣赏

## >> 提示词分享

| 英文 | 中文 |
| --- | --- |
| Dark mode, UI design, front view, icon, night, dark, look mode --ar 3:4 --v 6.0 | 深色模式、UI 设计、正视图、图标、夜晚、深色、外观模式 -- 画面比例 3:4 -- 版本 6.0 |

# 3.12 玻璃艺术风格

## AI 绘画欣赏

玻璃艺术风格模仿或受到玻璃材料的特性启发，以创造出半透明、光泽和现代感十足的图形和界面效果。这种风格在图形设计、用户界面设计及数字艺术中都有所应用。

Tips:

玻璃艺术风格的核心特征是使用半透明的玻璃模拟玻璃的外观。在提示词描述中，指定背景颜色及主体玻璃材质，以创造出类似于磨砂玻璃的效果。

## 玻璃艺术风格的主要特点

▢ **半透明效果：** 通常包括半透明的元素，使得背后的内容或图层在一定程度上可见，从而创造出深度感和层次感。

▢ **光泽和反射：** 通过阴影、高光和模糊效果，模拟玻璃表面的光滑和反射性。

▢ **模糊和深度：** 使用模糊效果，以突出前景元素并创造深度感，让玻璃化元素与背景融为一体。

▢ **色彩渐变：** 使用渐变色彩，尤其是透明度渐变，以模拟光线透过玻璃时发生的颜色变化，从而增强玻璃化效果。

▢ **简单的几何形状：** 通常包含简单而现代的几何形状，这些形状通过半透明效果和光泽，可以产生独特的视觉效果。

▢ **UI 元素的应用：** 在用户界面设计中，玻璃化效果常常应用于按钮、面板、卡片等元素，为整体界面增添了现代感和科技感。

▢ **图形元素的应用：** 在数字艺术和图形设计中，设计师可使用玻璃化效果来增加插图、图标或整体设计的视觉吸引力。

▢ **平面设计与 3D 效果结合：** 常常将平面设计的简洁性与 3D 效果相结合，创造出既现代又具有层次感的图形。

# 案例欣赏

创意画师：AI绘画艺术风格设计（70集视频课）

## >> 提示词分享

| 英文 | 中文 |
|---|---|
| Camera logo, minimalist, 3D rendering of transparent camera, gradient translucent glass molten body, Orange-blue gradient background, Right-hand view of the complete model isometric, White background 8K, hd --ar 1:1 --stylize 750 --v 6.0 | 相机标志、极简、透明相机3D渲染、渐变半透明玻璃熔体、橙蓝色渐变背景、完整模型右视图等轴测、白色背景8K、高清 -- 画面比例1:1 -- 风格化750 -- 版本6.0 |

# 3.13 卡片式设计风格

AI painting appreciation

## AI 绘画欣赏

　　卡片式设计是一种常见的用户界面设计模式，其通过卡片的形式组织和展示信息，使用户能够更轻松地浏览、筛选和理解内容。这种设计模式广泛应用于移动应用、网页设计和用户体验设计中。

Tips:

　　卡片内部的设计应保持简洁，避免过度装饰。可以在提示词中强调使用有限的色彩、简洁的图形和易读的字体。如果可能，提供一些卡片式设计的参考图像，以帮助 AI 绘画工具更好地理解用户需求。

Characteristics of the Card-based design style

## 卡片式设计风格的主要特点

- **信息模块化：** 每个卡片通常代表一个信息单元，使得信息可以被模块化、独立管理，方便用户按需获取。
- **可移动性：** 用户可以轻松地拖动、滑动或重新排列卡片，以自定义页面上的信息展示顺序，提高用户的个性化体验。
- **清晰的界面：** 提供清晰的信息展示界面，每个卡片通常包含一个主要的标题、摘要或图像，用户能够迅速浏览并理解内容。
- **交互性强：** 用户通常可以通过点击卡片进入详细内容，或执行其他操作，如喜欢、分享、删除等。
- **响应式设计：** 适用于各种设备和屏幕大小，可以灵活地调整布局，确保在不同设备上提供一致的用户体验。
- **易于导航：** 用户可以通过卡片的排列和组织轻松地浏览大量信息，通过滑动或翻页方式进行导航。
- **个性化推荐：** 常用于展示个性化的推荐内容，基于用户的兴趣、行为等因素提供信息。
- **多媒体支持：** 卡片可以包含文本、图像、视频等多媒体元素，使内容更加生动和吸引人。

# 案例欣赏

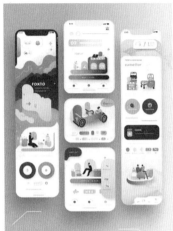

## >> 提示词分享

| 英文 | 中文 |
|---|---|
| Shopping app, shopping icon, UI interaction design, mobile app, human-computer interaction design, card design, icon, app, simple, flat style, clean, applied to iPhone rendering, clear background --ar 3:4 --stylize 300 --chaos 60 --niji 5 | 购物软件、购物图标、UI 交互设计、手机软件、人机交互设计、卡片设计、图标、软件、简约、扁平风格、干净、应用于 iPhone 渲染、背景清晰　--画面比例 3:4　--风格化 300　--创意程度 60　--版本 niji 5 |

# 3.14 产品包装设计风格

## AI 绘画欣赏

产品包装设计为综合性的设计，旨在创造有吸引力、功能性和与品牌一致的包装，以吸引消费者。

Tips:

如果想要产品看起来高科技，可强调一些现代科技元素，如光学抛光、模块化设计、创新材质等。

## 产品包装设计风格的主要特点

- **与品牌保持一致性：** 应与品牌的整体形象保持一致，其色彩、字体、图形等元素均应如此，以确保消费者能够立即识别出产品所属品牌。
- **考虑目标市场：** 需要考虑目标市场的特征和偏好，了解目标受众的文化、价值观和购物习惯。
- **准确传达信息：** 应能够清晰且有效地传达产品的关键信息，包括品名、特性、成分、使用方法等，以便消费者做出决策。
- **创新性：** 通过创新的设计元素，如独特的形状、纹理、开启方式等，吸引消费者的注意，提高产品的独特性。
- **功能性：** 应考虑产品的使用方式，并确保包装能够方便地打开、关闭和储存，以提供更好的使用体验。
- **法规合规性：** 遵守相关的法规和标准，确保包装符合法律法规要求。
- **突出特点：** 可以通过突出产品的独特特点，如优势成分、创新技术等，来吸引目标市场。
- **优化用户体验：** 确保消费者在购买、打开、使用产品时都有良好的体验，如易于理解的使用说明、符合人体工程学的设计等。

# 案例欣赏

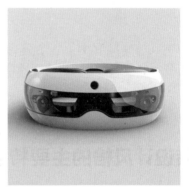

## >> 提示词分享

| <u>英文</u> | <u>中文</u> |
|---|---|
| A futuristic projector product with exquisite design, cutting-edge technology, optical polish, highly customizable, custom aluminum alloy frame, modular design, studio lighting, highlighting its high-tech appearance, simplicity, emphasizing functionality and aesthetics, showing a refined modern industrial design, with a smooth and shiny texture, rich details, and outstanding reflective effects. The renderer depicts delicate metal and glass textures, emphasizing the high-tech feel, with a white background, --ar 1:1 --v 6.0 --stylize 750 --chaos 55 | 一款设计精美、技术前沿、光学抛光、高度可定制、定制铝合金框架、模块化设计、演播室照明的未来投影机产品，凸显其高科技外观、简洁，强调功能性和美观性，展现精致的现代工业设计，质感光滑闪亮，细节丰富，反光效果突出。渲染器描绘出精致的金属和玻璃纹理，强调高科技感，背景为白色  -- 画面比例 1:1  -- 版本 6.0  -- 风格化 750  -- 创意程度 55 |

CHAPTER FOUR

# 第4章↓
# 潮流艺术风格

TREND ART STYLE

#f8efe1

#eed920

#27e7e8

#3dc9ec

#e01a07

# 4.1 衍生品潮玩风格

AI painting appreciation

## AI 绘画欣赏

衍生品潮玩通常简称为"潮玩"，是指以流行文化、媒体、影视、漫画、动画、游戏等作为基础，生产和销售的相关产品。这些产品受到粉丝和收藏家欢迎，因为它们与粉丝喜欢的角色、内容有关。

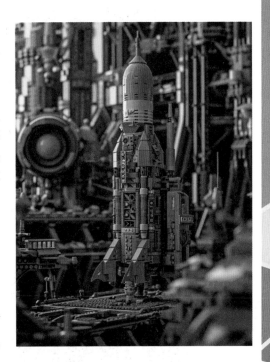

Tips:

衍生品潮玩往往以某个独特且具有高辨识度的角色为核心，这些角色可以是来自流行文化、原创设计或艺术家的签名作品。可以在提示词中描述角色的特征、风格和情感表达，使 AI 绘画工具更准确地生成用户想要的潮玩图像。

Characteristics of the Derivative toy style

## 衍生品潮玩风格的主要特点

- **独特的艺术性**：每款潮玩都蕴含了设计师的艺术理念和创意，展现出独特的风格和审美。它们往往超越了传统玩具的概念，成为可以展示和欣赏的艺术品。
- **限量发行**：许多潮玩是限量发行的，有的甚至是编号收藏版，这使得每一件潮玩都具有较高的收藏价值和潜在的升值空间。
- **多元化的材质**：潮玩使用的材质广泛，包括但不限于塑料、树脂、木材、金属甚至布料，不同的材质赋予了潮玩不同的质感和视觉效果。
- **跨界合作**：潮玩领域经常与流行文化、时尚品牌、艺术家及其他领域进行跨界合作，这些合作通常会产生独一无二的设计，吸引广泛的关注。
- **社区文化**：潮玩的收藏和交流往往伴随着强烈的社区文化，收藏者、爱好者和创作者之间通过各种平台（如社交媒体、论坛、展览和交易会）进行交流和分享。
- **情感连接**：对许多收藏者而言，潮玩不仅仅是物质的收藏，更是一种情感的寄托和个人身份的表达，它们往往代表着收藏者的兴趣、品位和生活态度。

## >> 提示词分享

| 英文 | 中文 |
| --- | --- |
| Blind box bunny full body view, front view, cute, sophisticated look, sweatshirt, pants, bucket hat, travel bag, clean background, natural light, 8K, best quality, ultra-detailed 3D, C4D, Blender, OC renderer, ultra high definition, 3D rendering, Bubble Mart style --ar 3:4 --stylize 550 --chaos 50 --v 5.2 | 盲盒兔子全身图、正视图、可爱、精致的外观、运动衫、裤子、水桶帽、旅行包、干净的背景、自然光、8K、最佳质量、超细节 3D、C4D、Blender、OC 渲染器、超高清、3D 渲染、泡泡玛特风格 --画面比例 3:4 -- 风格化 550 -- 创意程度 50 -- 版本 5.2 |

# 4.2 街头涂鸦艺术风格

## AI 绘画欣赏

　　街头涂鸦艺术是一种源自城市街头的视觉艺术表达形式，通常以墙壁、建筑物、街头设施、交通工具等公共空间为载体。其与传统的绘画有很大不同，更强调自由表达。

Tips:

　　描述图像的背景，可以是城市街头、建筑墙壁、隧道、街角等，以营造真实的街头感觉。涂鸦有各种不同的风格，如草图、卡通、标签、涂鸦艺术等，可以选择适合的主题风格。

## 街头涂鸦艺术风格的主要特点

- **多样性和创新：** 风格非常多样化，鼓励创新，可以使用各种材料和技巧，包括喷漆、涂鸦、贴纸、海报、雕塑等。
- **社会评论：** 很多街头涂鸦作品具有社会评论性质，艺术家通过作品表达社会问题，引发观众思考和讨论。
- **文化表达：** 经常涉及文化元素，如音乐、街舞、时尚、次文化群体等，用来传达身份认同和文化价值观。
- **大胆的颜色和构图：** 采用大胆的颜色和引人注目的构图，来吸引观众的目光。
- **持久性和短暂性：** 持久性不一定很高，因为它们通常暴露在自然环境下。

# 案例欣赏

创意画师：AI 绘画艺术风格设计（70 集视频课）

## >> 提示词分享

| 英文 | 中文 |
| --- | --- |
| Cute cat doodle, Street graffiti, brick wall, full body, Style of Jean-Michel Basquiat, graffiti, black white and gold, pastels and chalk, rich detail --ar 3:4 --v 6.0 | 可爱的猫涂鸦、街头涂鸦、砖墙、全身、让·米歇尔·巴斯奎特风格、涂鸦、黑白和金色、粉彩和粉笔、丰富的细节 -- 画面比例 3:4 -- 版本 6.0 |

# 4.3 GGAC 风格

AI painting appreciation

## AI 绘画欣赏

GGAC（Guilty Gear Isuka 2D/3D Animation Creator）风格是一种特定于游戏 Guilty Gear 系列的 2D/3D 动画艺术风格。这种风格由 ARC System Works 开发的格斗游戏 Guilty Gear 系列引入，并在更多游戏中使用。

Tips:

　　GGAC 游戏以其独特的角色设计而闻名。在提示词里提供明确的描述，可以确保 AI 绘画工具生成的角色具有用户想要的特征。

Characteristics of the GGAC style

## GGAC 风格的主要特点

- **高对比度：**通常使用强烈的颜色对比，以增强视觉冲击力。
- **角色设计：**游戏中的角色通常具有独特的设计，包括服装、发型、武器等，每个角色都有自己的独特特征。
- **动态效果：**注重角色和场景的动态效果，包括快速的动作、粒子效果、火焰、电光等，增加了游戏的战斗感和视觉吸引力。
- **背景环境：**游戏中的背景环境通常具有艺术性，以此增强游戏世界的沉浸感。
- **3D 元素：**尽管 GGAC 风格强调 2D 手绘感，但游戏中也包含一些 3D 元素，如角色模型和部分背景元素，以增加游戏的层次感。

# 案例欣赏

## >> 提示词分享

| 英文 | 中文 |
|---|---|
| Hip Hop Bionic boy, pretty face, full body, Front, side, back, Jinx style, bold character design, soft Punk, Character design, Unreal Engine, Redshift renderer, 3D modeling, Pixar Style, IP, Soft Edge, three views of a cartoon image, enerate three views (namely the front view, the side view and the back view), maintaining consistency and unity，Character design, Detailed character design, best quality, super detail, 8K --ar 4:3 --v 6.0 --stylize 250 --chaos 50 | 嘻哈仿生男孩、漂亮的脸蛋、全身、正面、侧面、背面、金克斯风格、大胆的角色设计、软朋克、角色设计、虚幻引擎、Redshift 渲染器、3D 建模、皮克斯风格、IP、软边、卡通形象三视图、生成三视图（正视图、侧视图和后视图）、保持一致性和统一性、人物设计、人物细节设计、最佳品质、超级细节、8K  -- 画面比例 4:3  -- 版本 6.0  -- 风格化 250  -- 创意程度 50 |

# 4.4 卡通漫画艺术风格

## AI 绘画欣赏

卡通漫画艺术风格富有创意和表现力，其通过夸张、简化和明亮的特点吸引观众的眼球，并传达各种情感和故事。这种风格在媒体中广泛应用。

Tips:

描述所需的角色外观、特征、服装、发型和表情，确保角色具有卡通化和夸张的特点。强调需要的颜色，使用明亮、饱和的颜色，以增强图像的卡通感。

## 卡通漫画艺术风格的主要特点

- **夸张的特征：** 通常夸大和强调角色与物体的特征，以此增加幽默感和表现力，如夸大的眼睛、嘴巴、鼻子、手和脚等。
- **简化的形状：** 常使用简化的形状和几何图形，使角色和物体更容易识别和记忆，并创建可辨识度高的角色。
- **明亮的颜色：** 通常使用明亮、饱和的颜色，以增强视觉吸引力和传达情感。
- **简练的线条：** 常使用简单、流畅的线条，以保持图像的清晰度和可识别性。
- **表情丰富：** 强调角色表情的丰富性，往往通过眼睛、嘴巴和姿势等方式来表达情感。
- **幽默和夸张：** 常具有幽默和夸张的元素，以吸引观众。
- **虚构的世界：** 故事常发生在虚构的世界中，经常展现超能力、魔法、科幻元素等。
- **教育性：** 常用于儿童文学、教育和动画片中，以吸引少年儿童，并传达教育信息。

# 案例欣赏

创意画师：AI 绘画艺术风格设计（70 集视频课）

## >> 提示词分享

| 英文 | 中文 |
|---|---|
| Cartoon girl in red and spotted shirt, looking straight into the camera, hair blown by the wind. Brian Kessinger style, childlike innocence and charm, happy and optimistic, gentle expression, color --ar 3:4 --niji 5 | 穿着红色斑点衬衫的卡通女孩、直视镜头、头发被风吹散。布莱恩·凯辛格风格、童真和魅力、快乐和乐观、表情温柔、彩色 -- 画面比例 3:4 -- 版本 niji 5 |

# 第 5 章 ↘
# 摄影艺术风格

#c8c8c8

#a3a3a3

#6b6767

#4c4b4b

#181818

# 5.1 纪实摄影风格

## AI 绘画欣赏

　　纪实摄影风格强调对现实的真实呈现，倡导真实地捕捉客观世界，突显自然光影和日常生活中的细节，以追求真实、客观、不加夸张效果。

Tips:

　　精心选择要表现的场景和主题，确保它们符合纪实摄影的精神，能够反映社会现象、人文关怀或自然状态。在提示词中应明确场景的背景信息和想要传达的信息或情感。尽管AI绘图工具可以模拟纪实摄影的视觉风格，如高对比度、自然光线和深度场景，但在生成图片时要注意细节处理，使其尽可能接近真实摄影作品的质感。

## 纪实摄影风格的主要特点

- **真实性和客观性**：捕捉现实场景，追求真实、客观的表达，避免艺术化的处理和虚构。
- **自然光影运用**：注重运用自然光，拍摄时避免过度的人工照明，以保持拍摄时的真实氛围。
- **呈现日常生活**：注重日常生活中的细微之处，关注人们的生活、工作、情感等真实场景，通过图像反映普通人的生活状态。
- **纪念性和历史性**：记录历史事件、社会现象或文化风貌，具有纪念和历史性的特点。
- **不加修饰的表现**：尽量避免对照片进行过多修饰和处理，以呈现事物的本真面貌。

## 案例欣赏

## >> 提示词分享

| 英文 | 中文 |
|---|---|
| Chinese rural style, documentary style, a street scene with a bicycle, in the style of FujiFilm fujicolor c200, sunray shine upon it, Nikon d850, john salminen, traditional street scenes, natural light and real scenes, 7680*4320, HDR, 4K --ar 4:3 --v 6.0 | 中国乡村风格、纪实风格、骑着自行车的街景、富士胶片 fujicolor c200 风格、阳光照射在上面、尼康 d850、john salminen、传统街景、自然光和真实场景、7680*4320、HDR、4K　-- 画面比例 4:3　-- 版本 6.0 |

## | 大师档案 | Master file

### ▶ 多罗西亚·兰格

美国 20 世纪杰出的纪实摄影师，以深刻而感人的肖像摄影而闻名。代表作品如《移民母亲》《等待救济的人》等。

### ▶ 沃克·埃文斯

美国纪实摄影的奠基人之一，以在大萧条时期拍摄的《美国人》系列而闻名。代表作品如《佃农家庭》《广告牌和框架房屋》等。

### ▶ 苏珊·梅塞拉斯

美国纪实摄影师，以对社会问题的关注和深入报道而闻名。代表作品如《狂欢节上的脱衣舞娘》《尼加拉瓜》等。

# 5.2 肖像摄影风格

AI painting appreciation

## AI 绘画欣赏

肖像摄影风格注重捕捉个体的真实特征和情感，强调对被摄者个性和内在世界的深入呈现，通过镜头表达细腻的情感，创造出真实而充满深度的肖像作品。

### Tips:

尽管使用 AI 创作，但努力捕捉被摄者的个性和情感是肖像摄影的核心。所以，在提示词中考虑包含有关人物情绪、氛围或故事背景的细节是保证生成肖像摄影真实的关键。

Characteristics of the Portrait photography style

## 肖像摄影风格的主要特点

- **聚焦个体：** 突出被拍摄者的面部特征、表情和个性，以展现其独特性和内在世界。
- **情感表达：** 注重捕捉被拍摄者的情感、心理状态和生活经历，通过摄影语言传递深刻的情感共鸣。
- **光影运用：** 精细处理光线，强调面部轮廓和特征，以突显个体的独特之处。
- **背景和环境：** 背景通常简化，以突出被摄者；但有时也会特意通过环境元素反映被拍摄者的身份、兴趣或精神状态。
- **构图技巧：** 注重构图，画面有层次感和艺术美感，突显被摄者的主体地位。
- **个性化风格：** 摄影师可能借助后期处理或特殊拍摄技术，赋予作品独特的风格和艺术表达。

# 案例欣赏

## >> 提示词分享

| 英文 | 中文 |
|---|---|
| Portrait photography. An old man sits on a bench on a city street, his face is weathered and rich. Documentary, Natural light and real scene . Holding a heavy cup of coffee in hand, surrounded by pedestrians in a hurry, the noise of vehicles and people coming from the street. 7680*4320,HDR,4K --ar 4:3 --v 6.0 | 人像摄影。一位老人坐在城市街道的长凳上，脸庞饱经风霜而丰润。纪录片、自然光景。手上捧着一杯厚重的咖啡，周围都是行色匆匆的行人，街道上传来车辆和行人的噪音。7680*4320、HDR、4K  -- 画面比例 4:3  -- 版本 6.0 |

## ┃大师档案┃ Master file

### ▶ 安妮·莱博维茨

　　美国摄影师，她以其独特而富有艺术感的作品而享有盛誉。作为著名的肖像摄影师，她的摄影风格融合了生动的色彩、强烈的情感和创意构图，塑造出了独特的影像。代表作品如《安吉丽娜·朱莉孕肚照》等。此外，安妮·莱博维茨也是一位备受赞誉的时尚摄影师，她对时尚和美的独特诠释备受瞩目。她的作品注重表达个体风格和情感，通过独特的构图和光影表现出时尚的多样性。代表作品如 *Vogue* 封面摄影等。

▶ **刘易斯·海因**

美国肖像摄影师，其在肖像摄影领域以揭示社会问题和呼吁社会改革为主。代表作品如《卡罗来纳的童工》等。

# 5.3 风光摄影风格

AI painting appreciation

## AI 绘画欣赏

风光摄影风格追求对大自然的真实表达，强调光影、色彩和景观的和谐融合。通过捕捉自然景色的美丽，艺术家们致力于呈现对现实世界的深刻感知。

Tips:

在提示词中描述强调想要的景深效果，如通过广阔的景深展现远处的景物清晰，或浅景深突出前景而让背景模糊。

Characteristics of the Landscape photography style

## 风光摄影风格的主要特点

▢ **自然景色：** 强调捕捉自然环境中的景观和元素，如山川、湖泊、森林、日出、日落等。

▢ **光影表现：** 注重利用光线的变化和投射效果，以突出场景的形态、层次和质感。

- ◻ **色彩鲜艳：**强调利用自然光中的丰富色彩，以打造生动、引人入胜的画面。
- ◻ **景深控制：**善用景深，使前景、中景和远景在画面中有机结合，呈现出更立体、丰富的效果。
- ◻ **季节和气候表达：**根据不同季节和天气条件，展现自然景观的多样性和变幻。
- ◻ **静态与动态对比：**可以呈现静态的山水画面，也可以捕捉动态的自然现象，如流水、云彩的运动等。
- ◻ **构图技巧：**强调画面的平衡、比例和视觉引导，使观者更容易沉浸于自然之美。

Case appreciation
# 案例欣赏

## >> 提示词分享

| 英文 | 中文 |
| --- | --- |
| In the style of landscape photography, two people walk on a wooden bridge in a misty lake, animals and people, epic landscapes, celebration of rural life, mountainous vistas, Award-winning photography, 7680*4320, HDR, 4K --ar 4:3 --v 6.0 | 风景摄影风格、两个人走在雾蒙蒙的湖中的木桥上、动物和人、史诗般的风景、歌颂乡村生活、山景、获奖摄影、7680*4320、HDR、4K -- 画面比例 4:3-- 版本 6.0 |

## ┃大师档案┃ Master file

### ▶ 安塞尔·亚当斯

　　美国20世纪杰出的风光摄影师之一，被誉为黑白摄影的大师之一。他的作品以其精湛的技术和对光影的敏感而著称，主要展现大自然的宏伟之美。在他的摄影作品中，我们可以看到对光影的敏感性和对细节的追求，这使得他的作品具有出色的视觉效果和深远的艺术内涵。代表作品如《月亮上的哈尔夫岛》《冬天的风暴》等。同时，作为黑白摄影的大师之一，亚当斯的作品也注重表现大自然风光摄影。他通过精湛的技术和对光影的敏感，创作了许多引人入胜的作品。代表作品如《月升梦露》《照相机》等。

### ▶ 安娜·阿特金斯

　　英国19世纪摄影艺术先驱之一，其以风光和植物摄影为主题，尤其以藻类摄影而著名。代表作品如《英国藻类》《海藻印相》等。

# 5.4　街头摄影风格

AI painting appreciation

## AI 绘画欣赏

　　街头摄影风格强调捕捉城市现实生活中的瞬间，注重自然光和真实情感；艺术家通过街头场景的生动描绘，展现人文细节和城市生活的丰富面貌。

Tips:

　　选择街头摄影风格时，可以利用自然光线突出主题和营造氛围。描述光线的方向、质量（如柔和、粗犷）及如何通过光影对比增强作品的视觉冲击力，更容易生成符合需求的图像。

Characteristics of the Street photography style

## 街头摄影风格的主要特点

　📑 **呈现日常生活**：注重捕捉日常生活中的真实瞬间，强调对普通人和事的关注，展现街头场景的多样性和复杂性。

- **自然光和环境**：通常使用自然光，强调真实的环境和光影效果，避免过度的后期处理，力求还原街头场景的原始状态。

- **抓拍和纪实**：强调抓拍和即时性，捕捉瞬间的情感和表情，展现真实的生活瞬间，通常强调纪实性质。

- **人文关怀**：传达对人类、社会和文化的关怀，呈现城市和人类的多样性，强调人文主义的视角。

- **构图简洁**：常采用简洁而有力的构图，通过巧妙的视角和线条组合突出主题，使照片更具艺术感和表现力。

Case appreciation
# 案例欣赏

## >> 提示词分享

| 英文 | 中文 |
| --- | --- |
| Urban photography, people walking in a crowded city street, in the style of Japanese influence, psychedelic neon Japanese, fragmented advertising, national geographic photo, Sony wide aperture telephoto photography, Sweeping the streets and taking photos, 7680*4320, HDR, 4K --ar 4:3 --v 6.0 | 城市摄影、人们走在拥挤的城市街道上、日系风格、迷幻霓虹日系、碎片化广告、国家地理写真、索尼大光圈长焦摄影、扫街拍照、7680*4320、HDR、4K　--画面比例 4:3　-- 版本 6.0 |

### ▶ 威廉·克莱因

美国摄影师，20世纪杰出的街头摄影师之一，被誉为"街头摄影之父"，以在新闻摄影和时尚摄影中广泛使用不寻常的摄影技术而著称。代表作品如《纽约》《罗马》等。

### ▶ 罗伯特·弗兰克

瑞士出生的美籍摄影师，被认为是街头摄影和纪实摄影的先驱之一。其作品深刻而直观，以对人性和社会的敏锐观察而闻名，为后来的摄影师们树立了标杆。代表作品如《美国人》《我的手的诗》等。

### ▶ 海伦·莱维特

美国街头摄影的先驱之一，以捕捉纽约街头儿童生活的照片而著名，展现城市生活中的童趣和真实。代表作品如《在街上》、摄影集《一种观看方式》等。

# 5.5 抽象摄影风格

AI painting appreciation

## AI 绘画欣赏

抽象摄影是一种艺术摄影的形式，强调图像的形状、色彩、纹理和光影，而不是对现实世界的直接描绘。这种摄影风格摆脱了摄影最初的纪实和再现功能，转而探索更加主观和内在的视觉表达。通过抽象摄影，艺术家能够超越传统摄影的限制，创造出具有强烈个人风格和情感的作品。

Tips:

抽象摄影常常摒弃具象的表现，转而关注形状、线条和结构的抽象美。在提示词描述中，考虑强调几何形状的组合或自然形态的抽象化。

# 抽象摄影风格的主要特点

- **非具象表达：**不在意具象描绘，而是强调摄影作品中的抽象元素，注重形式、结构和图像的独特性。
- **主观表达：**强调摄影师个体的主观感受和创意表达，突显摄影作为一种艺术媒介的独特性。
- **几何形状和图案：**注重几何形状、线条、图案等构图元素，通过简化和抽象表达摄影主题。
- **光影和色彩：**通过光影和色彩的运用，强调摄影作品的情感和氛围，达到更为抽象和艺术的效果。
- **实验性技术：**探索不同的摄影技术和后期处理手段，以实验性的方法创造独特的视觉效果。

Case appreciation
# 案例欣赏

## >> 提示词分享

| 英文 | 中文 |
|---|---|
| Abstract photography, cloth, non-representational expression, subjective expression, light, shadow and color, experimental technology, bright colors, geometric shapes, abstract patterns, movement and flow, textures and layers, 7680*4320, HDR, 4K --ar 4:3 --v 6.0 | 抽象摄影、布艺、非具象表达、主观表达、光、影、色彩、实验技术、鲜艳的色彩、几何形状、抽象图案、运动与流动、纹理与层次、7680*4320、HDR、4K --画面比例 4:3-- 版本 6.0 |

## ┃大师档案┃ Master file

### ▶ 曼·雷

美国达达和超现实主义艺术家，以开创现代主义绘画、电影和摄影而闻名，当代摄影史上重要的先驱之一。代表作品如《一个女郎和她五颗眼泪》等。

### ▶ 拉兹洛·莫霍利·纳吉

美国摄影师和艺术家，提倡摄影的机械性和客观性，注重光线和构图的运用。代表作品如《物影照片》《柏林》等。

### ▶ 布雷特·韦斯顿

美国著名摄影家，以对自然世界的黑白抒情处理而闻名，曾被描述为"美国摄影的天才"。代表作品如《鹦鹉螺》《青椒》等。

# 5.6 时尚摄影风格

AI painting appreciation

## AI 绘画欣赏

时尚摄影风格强调对时尚、美和个性的捕捉，追求独特的构图和艺术化的影像呈现。摄影师通过精心选择服装、场景和光影，将时尚视为一种艺术形式的表达。

**Tips:**

　　时尚摄影的核心在于展现服装、配饰和造型的美。在提示词描述中，明确指出希望突出的时尚元素，包括款式、材质、颜色和细节；考虑模特的姿态和构图，以最佳方式展现服装的线条和设计特点；描述模特的姿势、表情及他们与环境的互动，以增强作品的动感和情感表达。

Characteristics of the Fashion photography style

# 时尚摄影风格的主要特点

- **艺术性构图**：注重构图的独创性和艺术性，以突显时尚元素并吸引观众。
- **强调服装和配饰**：通过精心选择服装、配饰和造型，强调时尚的独特之处。
- **光影表现**：利用光影的变化突出服装和模特的特色，营造出独特的时尚氛围。
- **后期处理**：使用后期处理技术增强图像的时尚感，通过调整色彩和对比度，以达到更为艺术和引人注目的效果。
- **情感和表达**：在捕捉时尚的同时，注重表达模特的情感和个性，使照片更富有生命力。

Case appreciation

# 案例欣赏

第5章 摄影艺术风格

## >> 提示词分享

| 英文 | 中文 |
|---|---|
| Fashion magazine cover photography, advertisement for artist, wearing Victorian dress, elegant style, french style, rendered in Cinema 4D, maple leaf theme, well designed, soft focus portrait --ar 4:3 --v 6.0 | 时尚杂志封面摄影、艺术家的广告、身穿维多利亚裙、风格优雅、法式风格、在 Cinema 4D 中渲染、以枫叶为主题、精心设计、柔焦肖像 -- 画面比例 4:3 -- 版本 6.0 |

## ┃大师档案┃ Master file

▶ **安妮·莱博维茨**

详细介绍见 5.2 节。

▶ **马里奥·特斯蒂诺**

秘鲁时尚摄影师,以大胆的构图和独特的美学风格而著称,与众多时尚杂志和品牌合作。代表作品如 *Any Objections* 等。

▶ **帕特里克·德马舍利耶**

法国时尚摄影师,以一系列戴安娜王妃的肖像而闻名,21 世纪世界时尚与美容界伟大的摄影师之一,曾与多个国际时尚品牌合作。代表作品如摄影书籍 *Photographs* 等。

# 5.7 自然与野生动物摄影风格

AI painting appreciation
## AI 绘画欣赏

自然与野生动物摄影致力于捕捉大自然和野生动物的真实面貌,展现自然之美和生态平衡。摄影师通过细腻的镜头,呈现大自然的美丽景色和动物的生态行为,让观众感受到自然环境的美妙与生机。

Tips:

选择自然与野生动物摄影风格时,对于昆虫、花朵、食物等拍摄对象,可以在提示词中强调"微距镜头",更容易生成符合需求的图像。

# 自然与野生动物摄影风格的主要特点

- **呈现自然环境：** 着重捕捉自然景观，强调广阔的自然背景，展现大自然的原生态美。
- **展现野生动物：** 注重捕捉野生动物在其自然环境中的真实行为，强调生态平衡和物种多样性。
- **善用自然光：** 善于利用自然光线，强调清晨、黄昏等光影交错的时段，以增强画面的层次感。
- **生命与自然的连接：** 展现人类与自然、野生动物之间的和谐共生关系，强调生态保护和可持续发展观念。

Case appreciation

# 案例欣赏

## >> 提示词分享

| <u>英文</u> | <u>中文</u> |
|---|---|
| Super close-up, the kingfisher in flight splashes over the water, in the style of dark green and orange, Nikon d850, macro lens, Sony FE 90mm f/2.8 Macro G OSS, 4K --ar 4:3 --niji 5 | 超特写、飞行中的翠鸟在水面上溅起水花、墨绿色和橙色的风格、尼康 d850、微距镜头、索尼 FE 90mm f/2.8 Macro G OSS、4K -- 画面比例 4:3 -- 版本 niji 5 |

## | 大师档案 | Master file

### ▶ 安妮·格里菲思

美国自然与野生动物摄影师，其作品注重表现人与自然的关系。代表作品如摄影书籍《安妮·格里菲思（美国国家地理摄影大师）》等。

### ▶ 弗兰斯·兰廷

美国野生动物摄影师，作品以细腻的观察力捕捉动物独特的瞬间，并通过独特的构图展示大自然的宏伟和奇迹。曾为《国家地理杂志》《户外摄影师》等刊物拍摄照片。

### ▶ 阿尔特·沃尔夫

美国自然与野生动物摄影师，以多元的自然摄影风格而著称，其作品包括广阔的风景摄影和精细的野生动物摄影。代表作品如《地球是我的见证人》《自然摄影新艺术》《照片的艺术》等。

# 5.8 概念摄影风格

AI painting appreciation

## AI 绘画欣赏

概念摄影风格通过符号来表达思想、情感或概念，常常突破传统摄影技法，注重观念和象征性的呈现，从而传达深刻的主题和哲学内涵。

Tips:

在开始创作之前，明确想要探索或表达的概念、思想或情感。同时，考虑如何通过视觉手段引发观众的情感反应。这涉及创造一种特定的氛围、使用特定的色彩情绪，或是通过人物表情和姿态来传达情感。在提示词中进行不同的尝试，使 AI 绘画工具更好地生成图像。

创意画师：AI绘画艺术风格设计（70集视频课）

# 概念摄影风格的主要特点

- 思想表达：通过影像表达深刻的思想、情感或概念，摄影作为一种媒介用于传递更加抽象和内在的主题。
- 符号和象征：使用符号、象征性的元素和构图手法，强调影像的意义和象征性，引发观者思考。
- 创新技法：常常采用非传统的摄影技法，包括后期处理、合成和数字艺术，以创造更具艺术性和独特性的影像效果。
- 观念导向：突破传统摄影的视觉限制，强调摄影作为一种概念的表达方式，追求通过形式和内容的结合传递更加深远的观念。

Case appreciation

# 案例欣赏

## >> 提示词分享

| 英文 | 中文 |
| --- | --- |
| Concept photography, light theme, Leica lenses, vintage, Kodak film, dynamic poses, cinematic lighting, soft light, ProPhoto RGB, 4K, --ar 4:3 | 概念摄影、以光为主题、徕卡镜头、复古、柯达胶片、动态姿势、电影照明、柔光、ProPhoto RGB、4K　-- 画面比例4:3 |

## | 大师档案 | Master file

### ▶ 辛迪·谢尔曼

美国艺术家和摄影师，其作品偏好探讨身份、性别和社会问题。代表作品如《无题电影剧照》系列、《历史肖像》系列等。

### ▶ 安德烈亚斯·古尔斯基

德国摄影师，以大规模的数字合成和高度概念性的影像著称，通过图像中的复杂场景传达对当代社会的观察和批判。代表作品如《莱茵河Ⅱ》《99美分》等。

### ▶ 杜安·迈克尔斯

美国摄影师，其作品偏好探讨情感和人生哲理，以多幅、带有叙事性的连续摄影作品和重复曝光作品等著称。代表作品如《小丑》《偶遇》等。

# 5.9 黑白摄影风格

AI painting appreciation

## AI 绘画欣赏

黑白摄影风格通过去色彩的手法，回归简约纯粹的表现方式，突显主体的线条和质感。这种摄影以其明暗对比、细腻的灰度层次，展现出对现实世界的深刻观察，呈现出独特的艺术美感。

Tips:

在黑白摄影中，光影的对比是创造视觉冲击力的关键元素。描述光线的方向、强度及阴影的深浅，以塑造形体和深度；同时，通过不同灰度层次的运用，创造出空间的深度和层次感。描述景深的使用，以及如何通过明暗对比分离前景和背景。

Characteristics of the Black and White photography style

## 黑白摄影风格的主要特点

- 📰 **明暗对比：** 强调明暗的对比，突显形态和结构，使影像更具表现力。
- 📰 **细腻灰度：** 利用不同灰度层次展现丰富的图像细节，强调光影的细腻过渡。
- 📰 **抽象表现：** 通过去色彩化简画面，注重构图和线条，使主题更突出，呈现出抽象的艺术效果。
- 📰 **情感表达：** 黑白影像常常更容易引起观者的情感共鸣，深刻表达摄影师对主题的情感和观点。

# 案例欣赏

## >> 提示词分享

| 英文 | 中文 |
| --- | --- |
| Two people walking on some stairs, black and white photography, in the style of Bauhaus photography, steel/iron frame construction, silhouette figures, industrial photography, soft and dreamy depictions, 4K --ar 4:3 --v 6.0 | 两个人走在楼梯上、黑白摄影、包豪斯摄影风格、钢／铁框架结构、人物剪影、工业摄影、柔和梦幻的描绘、4K　-- 画面比例 4:3　-- 版本 6.0 |

## ▌大师档案▌ Master file

### ▶ 塞巴斯提奥·萨尔加多

巴西摄影师，以深刻而感人的人文纪实摄影而著称。他的作品展现了对社会不平等、环境问题和人类遭受苦难的关注。代表作品如《劳动者》《创世纪》等。

### ▶ 罗伯特·卡帕

匈牙利裔美籍摄影记者，以在第二次世界大战期间的作品而闻名，所拍摄的黑白影像传达了战争的残酷。代表作品如《战士之死》等。

### ▶ 安塞尔·亚当斯

详细介绍见 5.3 节。

# 第6章↘
# 家居设计风格

#f6f5f5

#74b2ed

#908b8b

#d8691f

#713310

# 6.1 现代风格

## 6.1.1 现代简约家居风格

AI painting appreciation
### AI 绘画欣赏

现代简约家居风格基于当代设计理念和技术，强调简约、功能性和清晰的线条，追求空间的开阔感和光线的充足。

Tips:

使用质感和对比增加视觉兴趣，如金属、玻璃、塑料等材质更符合现代简约风格。在描述提示词时使用与这些材质相关的关键词，更容易生成现代简约家居的图像。

Characteristics of the Modern, simple home style
### 现代简约家居风格的主要特点

- **简约设计：**注重简洁，避免过多的装饰和烦琐的设计；家具和装饰物通常以简单、直线的形状为主。
- **中性色调：**喜欢使用中性的颜色，如白色、灰色、黑色和米色，营造出干净、明亮的空间感。
- **开放式空间：**通常采用开放式布局，通过减少隔断增加空间感。厨房、客厅和餐厅等区域可能会融合在一起，形成统一的居住空间。
- **大面积的玻璃窗：**为了增加光线的透明度，现代家居通常采用大面积的玻璃窗，以便更好地利用自然光。
- **先进的科技设备：**在现代家居中，常常会看到智能家居系统、高科技的家电和音响设备，以提升生活的舒适度和便利性。
- **功能性家具：**家具设计注重实用性和功能性。家具风格通常简洁明了，偏好采用金属、玻璃、塑料等现代材料。
- **自然元素：**尽管现代家居强调简洁，但也可以通过引入一些自然元素，如植物、石头或木质材料，来增加温暖感。

# 案例欣赏

## >> 提示词分享

| 英文 | 中文 |
| --- | --- |
| Eye-level, Interior design, Modern Mannerism, a living room, Minimalist design, white tones, earthy tones, open space, Large area of glazing, decorative elements of modern art, Wooden floors, painted walls, Increasing the plant element, 4K --ar 4:3 --stylize 500 --v 6.0 --chaos 50 | 视线水平、室内设计、现代风格主义、客厅、简约设计、白色调、大地色调、开放空间、大面积玻璃、现代艺术装饰元素、木地板、彩绘墙壁、增加植物元素、4K  -- 画面比例 4:3  -- 风格化 500 -- 版本 6.0  -- 创意程度 50 |

## ┃大师档案┃ Master file

### ▶ 查尔斯·埃姆斯和雷·埃姆斯

美国设计师，他们是一对夫妻，是现代设计奠基人，以在建筑和家具设计方面的杰出贡献而著称。代表作品如《休闲椅》《摇摇椅》《查尔斯和雷的世界》等。

▶ 艾琳·格雷

爱尔兰女设计师，其设计注重功能性和美学的结合，作品强调简约、实用和独特的设计语言。除了家具设计，格雷还涉足建筑、室内设计和图形设计等领域。代表作品如 E-1027 小屋等。

▶ 菲利普·斯塔克

法国设计师，现代设计领域的领军人物，关注可持续性和环保设计，提倡"无废物设计"理念。他的作品被广泛应用于酒店、餐厅、公共场所及个人用品等领域。代表作品如日本 Nani Nani 大厦等。

# 6.1.2　现代意式家居风格

AI painting appreciation
## AI 绘画欣赏

现代意式家居风格在现代风格中有着广泛的影响力，其呼应文艺复兴时期的精神，在保持现代主义特色的同时强调对古典传统的致敬。现代意式家居风格通过简洁的线条、奢华的材质和精致的细节，体现了对艺术和文化的深刻理解。

 Tips:

使用 AI 绘画工具创作现代意式家居风格的图像时，应该注重捕捉该风格的简洁线条、优雅的设计、功能性与美学的完美结合，以及对质感和材料的精细选择。

Characteristics of the Modern Italian home furnishing style
## 现代意式家居风格的主要特点

- **简洁而精致的线条**：线条的简洁展现现代感，而线条的精致则呼应着文艺复兴时期的审美。
- **豪华的材质**：偏好大理石、金属和玻璃等材质，为空间注入奢华感。
- **精致的细节**：注重细节处理，以如雕刻、镶嵌等装饰手法体现精致和考究。
- **自然色调**：常采用中性的自然色调，如米色、灰色和米白，以营造舒适宜人的氛围。
- **现代家具**：使用简约而舒适的现代家具，突显功能性和实用性。
- **开放空间**：强调开放式的布局，增加空间感，使室内通透且通风。
- **艺术品和装饰品**：注重艺术品和独特的装饰品来配合设计，以展示主人的品位和文化修养。

# 案例欣赏

## >> 提示词分享

| 英文 | 中文 |
|---|---|
| Modern Italian style, elegant modern flat apartment, in the style of dark palette chiaroscuro, VRay tracing, dark beige and amber, post-minimalist structures, realistic details, formalist aesthetics, 7680*4320, HDR, 4K --ar 4:3 --v 6.0 | 现代意式风格、优雅的现代公寓、深色调色板明暗对比、VRay 追踪、深米色和琥珀色、后极简主义结构、写实细节、形式主义美学、7680*4320、HDR、4K  -- 画面比例 4:3  -- 版本 6.0 |

## |大师档案| Master file

### ▶ 皮耶罗·利索尼

意大利建筑师、设计师，以现代且精致的设计风格而闻名，擅长将简约和功能融合，作品注重空间感和材料选择。代表作品如上海镛舍酒店等。

# 6.2  日式侘寂家居风格

AI painting appreciation

## AI 绘画欣赏

侘寂风格是一种源自日本的室内设计理念，强调简朴、自然和蕴含岁月痕迹的美。

Tips:

选择日式侘寂风格家居设计时，通过调整元素的简约度、材料的选择和色彩的搭配等方面体现这一风格，更容易生成符合风格的AI画作。

Characteristics of the Japanese Wabi-Sabi home style

## 日式侘寂家居风格的主要特点

- **简朴之美：** 注重简朴的美感，避免过于烦琐和华丽的元素。
- **自然之美：** 常使用天然材料，如木头、竹子、石头和麻布，以家居自然的感觉展现自然之美。
- **不规则和不对称：** 偏好不规则的形状和不对称的布局，使空间更富有生活气息。
- **柔和的色调：** 常采用柔和、淡雅的色调，如灰、白、米色、淡蓝等，营造宁静、温暖的氛围。
- **手工艺品和艺术品：** 常出现手工艺品和艺术品，如陶艺、手绘画作、手工编织品等，强调手工艺的独特性和质感。
- **植物和花卉：** 室内会使用植物和花卉，从而增加生机和自然感。
- **室内光线：** 强调柔和的室内光线，通常通过自然光和淡雅的灯光营造温暖的氛围。

# 案例欣赏

## >> 提示词分享

| 英文 | 中文 |
| --- | --- |
| Front view, Wabi-Sabi style, impressive gray and wood master bedroom, lines, quiet and warm atmosphere, soft light, Wooden table, burlap, textile rug, textured surface, Irregular shape, asymmetrical layout handicrafts, dead flowers, 4K --ar 4:3 --stylize 500 --v 5.2 --chaos 50 | 正面视图、侘寂风格、令人印象深刻的灰色和木质主卧室、简单的线条、安静温暖的氛围、柔和的光线、木桌、粗麻布、纺织地毯、纹理表面、不规则形状、不对称布局手工艺品、枯花、4K　--画面比例 4:3　--风格化 500--版本 5.2　--创意程度 50 |

## ┃大师档案┃ Master file

### ▶ 阿塞尔 · 维伍德

比利时室内设计师，以独特的设计理念和对古代及现代艺术的热爱而闻名。他的设计风格注重自然材料、极简主义和平静的色彩，融合东方哲学和欧洲传统。代表作品如卡奈尔公寓等。

### ▶ 科林 · 金

美国室内设计师，以自己独特的方式重新定义了美国当代设计。代表作品如现代别墅套房等。

▶ 谢柯

　　中国室内设计师，尚壹扬设计创始人，从事设计 20 余年，以独特的设计风格和创新的空间理念而受到赞誉。代表作品如"拾山房"酒店、"既下山·梅里"酒店等。

# 6.3　工业家居风格

## AI 绘画欣赏

　　工业家居风格追求简约而粗犷的美感，通过使用未经过度打磨的材料，创造出独特的工业氛围，展现出实用性和坚固感。

Tips:

　　工业家居风格常常保留并展示建筑和装饰中的原始结构元素，如横梁、柱子、管道和通风管。在提示词中描述这些元素，进而使 AI 绘画工具生成符合所需要风格的图像。

## 工业家居风格的主要特点

- **裸露的结构和管道：** 常展示裸露的建筑结构，包括裸露的梁、柱和管道，从而赋予空间坚固感和外观的粗犷感。
- **未经过度打磨的材料：** 喜欢使用砖墙、混凝土地板、金属、木头和玻璃等材料，从而呈现出未经过度处理的自然外观。工业风设计经常在家具、灯具、装饰品等方面使用金属制品，这些制品经常呈现出磨砂或粗糙的表面。
- **大型开放空间：** 通常倾向于开放的空间布局，避免过多的隔断，体现出工业建筑的开阔感。
- **简约而实用的家具：** 家具通常以简洁的设计为主，注重实用性。金属框架、木质桌面和简单的凳子是典型的工业风格家具。
- **暗色调：** 颜色调性通常偏向暗色，如灰、黑、深褐等，凸显出材料的质感。
- **工业灯具：** 露天灯、吊灯和工业风格的灯具常常是工业家居风格空间中的亮点，灯具通常采用金属、玻璃和暗色的元素。
- **工业性装饰品和元素：** 经常使用一些工业元素作为装饰，如齿轮、螺丝、铆钉等。

◎ **艺术品和标识物：** 常常在空间中引入一些独特的艺术品或标识物，如复古广告牌、招牌等，以强调工业的感觉。

Case appreciation
# 案例欣赏

## >> 提示词分享

| 英文 | 中文 |
|---|---|
| Broad perspective, a loft with steel staircases and an orange carpet. A living room with couches and tables that look out on a wooden staircase. Industrial style, Le Corbusier armchair, exposed building structures, brick walls, concrete floors, metal light fixtures, rough surfaces, open space, simple furniture, multilayered dark tones, frosted glass, industrial element decoration, vintage logo, creative, 4K --ar 4:3 --stylize 500 --v 5.2 --chaos 50 | 广阔的视野、带钢楼梯和橙色地毯的阁楼。带沙发和桌子的客厅、可望向木制楼梯。工业风格、勒·柯布西耶扶手椅、裸露的建筑结构、砖墙、混凝土地板、金属灯具、粗糙的表面、开放空间、简洁的家具、暗深色调、磨砂玻璃、工业元素装饰、复古标志、有创意的、4K --画面比例 4:3 --风格化 500 --版本 5.2 --创意程度 50 |

## ┃大师档案┃ Master file

▶ **勒·柯布西耶**

详细介绍见 3.1 节。

► **罗恩·阿拉德**

英裔以色列工业设计师，以色彩丰富的创新设计和前卫艺术而闻名。其作品注重独特的结构和材料运用，呈现出现代感和独特风格。代表作品如家具系列 Tom Vac Chair、Bookworm bookshelf 书架。

► **汤姆·迪克森**

英国设计师，对材料具有高度敏感性，在设计中常使用金属、玻璃等材质，将工业元素与现代美学巧妙结合。代表作品如 Beat、Melt 系列等。

# 6.4　北欧家居风格

AI painting appreciation

## AI 绘画欣赏

北欧家居风格是在全世界都深受欢迎的家居设计风格，它注重简约、自然和功能性，带给人轻松自然之感。

Tips:

北欧家居风格绘画过程中，在描述提示词时可以提及一些独特的细节元素，如"北欧风格吊灯""简约装饰画"等，可以使 AI 绘图工具更加容易生成符合风格的图像。

Characteristics of the Nordic home style

## 北欧家居风格的主要特点

- ▢ **浅色和自然光：** 通常以浅色尤其白色为主导色调，以最大化利用自然光线，使室内空间更加明亮和开阔。
- ▢ **中性色调：** 除了浅色之外，北欧家居风格还倾向于使用中性颜色，如灰色、米色和淡蓝色，使空间看起来更加清新和宜人。
- ▢ **自然材料：** 使用天然材料是北欧风格的重要特征，如木头、石头和羊毛，这些材料带有自然的纹理和质感，可以增加室内的轻松感。
- ▢ **简约设计：** 强调简约、干净的设计，避免过多的装饰和烦琐的元素；家具和装饰品通常是简洁而实用的。
- ▢ **功能性：** 注重功能性，家具和布局都要符合实际需求；家居用品通常具备实用性和美观性的双重功能。

- 📋 **木质家具：** 木质家具是北欧家居风格的常见元素，如浅色的橡木。
- 📋 **地毯和织物：** 羊毛、棉和亚麻等自然纤维的地毯和织物，可以增添温暖感和舒适度。
- 📋 **大面积的窗户：** 注重引入大量自然光线，故大面积的窗户通常是其特征之一。
- 📋 **植物：** 室内绿植是北欧家居风格的常见装饰元素，可为空间带来生气和清新感。
- 📋 **现代化和个性化：** 尽管注重简约，但也强调个性化和现代感，可以通过一些独特设计的家具或装饰品来体现。

Case appreciation

# 案例欣赏

## >> 提示词分享

| 英文 | 中文 |
|---|---|
| Front view, danish design, interior design of a Scandinavian style, dining room, has a white desk, chair and small vase, in the style of earth tone color palette, folding chair by Peter Hein Ecker, oblique light, with the light coming in from a window and a wooden table and chairs, light oak table and chairs, fabric, azalea, in the style of light red and light beige, indoor green plants, pastel color schemes, in the style of soft, 4K, --ar 4:3 --stylize 500 --v 5.2 --chaos 50 | 正面图，丹麦设计，斯堪的纳维亚风格的室内设计，餐厅，有白色的书桌、椅子和小花瓶，大地色调的风格，皮特·海因·埃克的折叠椅，倾斜的光，光线从窗户进来，以及一个木桌子和椅子，浅色橡木桌椅，布料，杜鹃花，浅红色和浅米色的风格，室内绿色植物，柔和的配色方案，柔和的风格，4K -- 画面比例 4:3 -- 风格化 500-- 版本 5.2 -- 创意程度 50 |

## |大师档案| Master file

### ▶ 安恩·雅各布森

丹麦建筑师和设计师，以简约而实用的设计风格而著称，在灯具设计和刀叉餐具领域也有杰出贡献，其作品在北欧设计史上占有重要地位。代表作品如蚂蚁椅、天鹅椅等。

### ▶ 伊尔泽·克劳福德

英国设计师，以融合温暖实用和舒适的风格而著称。她强调人性化设计，通过精选家具和材料，打造温馨而富有北欧氛围的空间。代表作品如英国伦敦的 DeanStreet Townhouse 酒店、日本东京的 Aman Tokyo 酒店等。

### ▶ 皮特·海因·埃克

荷兰设计师，以可持续材料的运用和原创设计而著称，他的作品体现了独特的手工艺和对环境的关注。代表作品如废弃木材家具系列等。

# 6.5 乡村家居风格

## AI painting appreciation
## AI 绘画欣赏

乡村家居风格追求朴实、自然，以木材、手工艺品和自然色调为主，营造温馨、舒适的居住空间，强调对乡村生活的独特体验。

### Tips:

设计乡村家居风格时，在提示词描述中使用柔软的布艺和丰富的软装，如"绒布沙发""抱枕装饰"等，更容易生成乡村家居风格的图像。

## Characteristics of rural home style
## 乡村家居风格的主要特点

- **自然材料：** 注重使用自然材料，如木头、石头、麻布、棉布等，以营造质朴、温暖的氛围。
- **淡雅色调：** 通常选择淡雅而柔和的颜色，如米色、奶白、淡蓝、淡黄等，以营造宁静和舒适的感觉。
- **粗糙的表面质感：** 注重使用粗糙的表面家具和装饰物，强调材料的自然质感，以展现乡村的朴实之美。

- 🗌 **花卉和植物：** 常常引入花卉和绿植，如鲜花、干花、绿叶植物，以增添自然的元素和生气。
- 🗌 **传统图案：** 使用传统的图案和纹理，如格子、花朵、拼接图案等，体现传统乡村手工艺和文化。
- 🗌 **农具和工艺品：** 将农具、古老的工艺品作为装饰，强调手工制作的价值。
- 🗌 **木质家具：** 家具以木质为主，通常选择经过处理的实木家具，强调天然的木纹和色彩。
- 🗌 **舒适的布艺：** 选择柔软舒适的布艺，如绒布、棉布、羊毛等，让空间更具温暖感。
- 🗌 **开放式空间：** 强调开放式的布局，让空间更为通透，突显乡村宽敞的感觉。
- 🗌 **古董和二手物品：** 引入一些古董或二手物品，增添家居的独特性和历史感。

Case appreciation

# 案例欣赏

## >> 提示词分享

| 英文 | 中文 |
| --- | --- |
| French country style, kitchen with flowers on the table, Bright sunlight, sunlight slanting in from the window, in the style of gossamer fabrics, maximalist, dark beige and green, intricate texture, cottagecore, in the style of romantic floral motifs, nature-inspired motifs, romantic chiaroscuro, fairy tale, 7680*4320, HDR, 4K --ar 4:3 --v 6.0 | 法式乡村风格、餐桌上摆着鲜花的厨房、阳光明媚、阳光从窗户斜射进来、薄纱面料的风格、极简主义、深米色和绿色、错综复杂的质感、乡村核心、浪漫的花卉图案风格、自然灵感图案、浪漫的明暗对比、童话、7680*4320、HDR、4K -- 画面比例 4:3 -- 版本 6.0 |

## | 大师档案 | Master file

### ▶ 尼娜·坎贝尔

英国著名的室内设计师，其设计风格融合了传统经典和现代元素，以优雅、精致而著称。在室内设计中，她擅长将传统与现代相结合，创造出令人惊艳的空间。特别是在乡村家居风格方面，善于运用自然材料、淡雅的色彩和传统图案，通过巧妙的设计手法营造出充满温馨和舒适感的空间。代表作品如 Bowood 花卉图案的室内设计等。同时，尼娜·坎贝尔在英式家居风格方面也有着独特的见解和设计风格。她设计的传统室内装饰色彩鲜艳，简约而优雅。她的作品在英国室内设计领域享有盛誉，展现了她对于传统与现代结合的独特审美和出色的设计技巧。除了在实践中的成就外，她还以书籍《魅力之家》等作品向读者展示了她的设计理念和经验。

### ▶ 艾米莉·亨德森

美国室内设计师，以对复古和乡村风格的独特理解而受到赞誉，注重通过色彩、家具和装饰品的巧妙组合，营造出舒适宜人的居住环境。代表作品如书籍《家的风格》等。

# 6.6 波希米亚家居风格

AI painting appreciation

## AI 绘画欣赏

波希米亚家居风格追求自由、独创，以多彩图案、手工艺品和艺术性家具为特色，突显对艺术和自由生活的热爱，营造出充满灵感和非传统氛围的家居环境。

Tips:

　　设计波希米亚家居风格时，在提示词描述中可强调丰富多彩的色彩，具体指定一些波希米亚常见的颜色，如宝蓝、深紫、橙红等，更容易生成符合需求的图像。

Characteristics of the Bohemian home style

# 波希米亚家居风格的主要特点

- **丰富多彩的色彩**：喜欢使用鲜艳、丰富的颜色，包括深紫、鲜橙、宝蓝、翡翠绿等，打破传统规矩，创造出独特而充满活力的色彩组合。

- **异国风情的图案**：使用各种异国风情的图案，如印度花纹、摩洛哥瓷砖、土耳其地毯等，为家居增添浓厚的文化氛围。

- **丰富的材质**：注重材质的多样性，包括丝绸、麻布、棉质、毛绒、羽毛等，创造出触感丰富的居住环境。

- **古董和二手家具**：引入古董和二手家具，通过混搭不同风格的物品，创造出独特而富有故事感的居住空间。

- **大胆的装饰元素**：使用大胆的装饰元素，如挂毯、彩绘的陶瓷、羽毛饰品、多样化的地毯等，营造独特而有趣的空间氛围。

- **自制和手工艺品**：偏好使用手工品和自制的装饰品，如手织的抱枕、手工编织的篮子、手绘的壁画等，突显个性和独特性。

- **低床和软垫家具**：波希米亚家居风格的床通常较低，床头和沙发常采用大量的软垫，营造出舒适、放松的氛围。

- **自由奔放的布局**：不拘泥于传统的布局，强调布局的自由奔放和个性化，让家居空间更富有动感和活力。

- **艺术品和手工艺品**：配置各种艺术品和手工艺品，如画作、雕塑、手工陶瓷等，为家居注入独特的艺术氛围。

Case appreciation

# 案例欣赏

## >> 提示词分享

| 英文 | 中文 |
| --- | --- |
| Bohemian style, living room, green plants, there are many photo frames and collage designs placed randomly on the wall, Indian patterns, Turkish carpets, handicrafts, Irregular layout, dark brown and dark amber styles, retro atmosphere, colorful colors, 4K --ar 4:3 --stylize 500 --v 5.2 --chaos 50 | 波希米亚风格、客厅、绿植、墙上挂着许多随意摆放的相框和拼贴设计、印度花纹、土耳其地毯、手工艺品、不规则布局、深棕色和深琥珀色的风格、复古气息、丰富多彩的色彩、4K  -- 画面比例4:3  -- 风格化500  -- 版本5.2 -- 创意程度50 |

## |大师档案| Master file

### ▶ 贾斯蒂娜·布莱克尼

美国室内设计师、作家和植物爱好者，擅长通过丰富的颜色、图案和手工艺品营造独特而充满活力的波希米亚风格空间。代表作品如"贾斯蒂娜·布莱肯尼"家居系列、"新波希米亚人：时尚且充满收藏品的家"等。

### ▶ 埃米莉·亨德森

美国室内设计师，曾获得多个设计奖项，经常通过参与电视节目和书籍出版物向公众展示她对设计的独特见解和创意。代表作品如 The Fig House、Cup of Jo Makeover 等。

# 6.7 中世纪现代家居风格

## AI 绘画欣赏

中世纪现代家居风格在名字上似乎充满矛盾性，其既有着中世纪的古典韵味，但又充满现代特色，在设计上既借鉴历史元素，又注重现代美感。

Tips:

　　设计中世纪现代家居风格时，在提示词中引入知名设计师的名字，更容易生成符合需求的图像。

## 中世纪现代家居风格的主要特点

- **线条简洁：** 家具和装饰品通常采用简洁的线条和几何形状，没有过多的装饰和细节，使家具看起来更加现代化和时尚。
- **色彩大胆：** 喜欢运用鲜艳、大胆的色彩，如红色、蓝色、黄色等，这些色彩的运用可以使家居空间更加生动、有活力。
- **材料自然：** 喜欢使用自然材料，如木材、石材等，可以使家居空间更加自然、舒适。
- **强调功能性：** 家具和装饰品强调功能性，以满足现代人们的生活需求，其在厨房和餐厅的设计上尤其如此。
- **注重细节：** 尽管中世纪现代家居风格强调简洁的线条和几何形状，但并不意味着它不注重细节，相反，其家具和装饰品往往非常注重细节，如精美的把手、细致的雕刻等。
- **强调平衡和对称：** 注重平衡和对称，其源自古典审美，可以使家居空间看起来更加和谐、统一。

# 案例欣赏

## >> 提示词分享

<table>
<tr><td align="center">英文</td><td align="center">中文</td></tr>
<tr><td>Mid-century modern style, vintage style, living room, the sun shines in slantingly, furniture red orange interior design, light amber and red, Designed by Kelly Wearstler, Robert Bechtle, outdoor scenes, mountainous vistas, in the style of fictional landscapes, 4K --ar 4:3 --stylize 500 --v 5.2 --chaos 50</td><td>中世纪现代风格、复古风格、客厅、阳光斜射进来、家具红橙室内设计、浅琥珀色和红色、由凯莉·韦斯特勒、罗伯特·贝克特尔。设计、户外场景、山景、虚构风景风格、4K　-- 画面比例 4:3 -- 风格化 500　-- 版本 5.2　-- 创意程度 50</td></tr>
</table>

## |大师档案| Master file

### ▶ 凯莉·韦斯特勒

　　美国著名的设计师，被誉为"设计女王"，她以独特的设计风格和著名室内设计师开创的时髦精神而闻名。代表作品如 Bellagio 住宅等。此外，凯莉·韦斯特勒也是一位室内设计师，她善于运用明亮的色彩、自然材料和舒适的家具，打造轻松、宜人的海滨居住环境。代表作品如 Avalon Hotels 等。

▶ **乔治·尼尔森**

美国建筑师、设计师，其设计强调简洁、功能性和抽象的几何形态，通过独特的设计语言和创新的家具设计手法，成为现代主义运动的重要代表人物之一。代表作品如"椰子椅"等。

# 6.8 中式传统家居风格

AI painting appreciation

## AI 绘画欣赏

中式传统家居风格注重中国经典元素，采用中国古典家具和饰品，强调对称布局，展现出典雅的家居氛围。

Tips:

使用 AI 绘画工具创作中式传统家居风格的图像时，应注重捕捉中式设计的核心特点，包括对称的布局、精致的木制家具、富有象征意义的装饰品，以及和谐的色彩搭配。

Characteristics of the Chinese traditional home style

## 中式传统家居风格的主要特点

📁 **经典家具：** 常使用具有典型中国韵味的家具，如圈椅、管帽椅、博古架、罗汉床、翘头案等。

📁 **精致的雕刻和装饰：** 家具和装饰品上常见精致的雕刻和装饰，这些元素可以在椅子的扶手、桌子的腿部和柜子的表面找到。

- 🗇 **复古图案和纹理：** 经常使用复古图案和纹理，如花卉图案、条纹和拼花地板，这些元素可以出现在家具、窗帘和地毯上。
- 🗇 **沉稳的色调：** 通常采用沉稳的色调，如深褐色、红色、绿色和蓝色，以营造古典雅致的氛围。
- 🗇 **对称布局：** 强调对称和平衡，家具和装饰常常呈对称排列，使整个空间显得有序和谐。
- 🗇 **丰富的织物：** 织物在中式传统家居风格中扮演着重要角色，常见的包括丝绸、绒布和刺绣布料，这些织物常用于窗帘、垫子和床上用品。
- 🗇 **古典照明：** 照明设备通常采用中国古典风格的吊灯、台灯和壁灯等。
- 🗇 **文化和历史元素：** 融入一些文化和历史元素，如中国传统绘画、古董，或者其他具有文化和历史气息的装饰物品，以强调家居的传统感。

Case appreciation
# 案例欣赏

## >> 提示词分享

| 英文 | 中文 |
| --- | --- |
| Front view, Chinese style, Designed by Liang Kuan, sunny, Chinese tea room with a table and sitting area, drum stool, Chinese traditional furniture, tea culture ornaments, the style of elegant, blue and white porcelain, Chinese flowers that pay attention to artistic conception, Leave blank, simple and elegant style, in the style of exquisite craftsmanship, decorative arts, cinematic elegance, 4K --ar 4:3 --stylize 500 --v 6.0 --chaos 50 | 正面图、中国风、梁宽设计、阳光明媚、配有桌子和休息区的中式茶室、鼓凳、中国传统家具、茶文化摆件、优雅的风格、青花瓷、讲究意境的中国花卉、留白、简洁大方的风格、精致工艺、装饰艺术、电影般的优雅风格、4K --画面比例 4:3 --风格化 500 --版本 6.0 --创意程度 50 |

| 大师档案 | Master file

  ▶ 刘中辉

  中国室内设计师，擅长将现代设计与东方传统元素相融合，以创造出独特的空间氛围。
他的作品通常体现出简洁、时尚、舒适的特点。代表作品如九号公馆、上海九州书院等。

  ▶ 贾雅·伊布拉辛

  印度尼西亚室内设计师，其作品注重将文化融入设计，使住宅与周围环境相辅相成。
代表作品如北京"颐和安缦"酒店、杭州"法云安缦"酒店等。

# 6.9　地中海家居风格

## AI 绘画欣赏

　　地中海家居风格表现为对地中海沿岸地区的传统和文化的回归，设计师通过采用特定的颜色、材料和装饰元素，以及对空间布局的特殊处理，试图打造出强烈的地中海地区特色家居。

Tips:
　　地中海家居风格着重使用自然材料，如未经处理的木材、石材、陶瓷和编织品。在描述提示词时，指出这些材料的纹理和色彩，以及它们如何增添自然和质朴的感觉。

## 地中海家居风格的主要特点

　　🗐 **自然色调：**通常采用自然而温暖的色调，如浅蓝、土耳其蓝、白色、浅黄和土地色等，反映了地中海的阳光和大海的颜色。

- **陶瓷瓷砖：**经常运用色彩斑斓、装饰精美的陶瓷瓷砖，尤其是在厨房、浴室和地板等区域，以呈现地中海地区传统的手工艺和艺术。
- **拱门和穹顶：**地中海建筑常见拱形门廊和穹顶，这些元素也被引入室内设计，以此增加空间层次感和独特性。
- **手工艺品和装饰品：**注重运用手工制品和传统装饰品，如手工编织的地毯、瓷器、铁艺吊灯和织物上的刺绣等。
- **地中海式家具：**家具通常采用深色木材，强调实用性和舒适性。家具设计常体现传统的独特造型。
- **大型窗户：**地中海地区的房屋通常有大型的窗户，以便充分享受阳光和海景；窗户可以用帷幔装饰，以增加房间的柔和感。
- **植物和花卉：**注重使用具有地中海特色的绿植和花卉，如橄榄树、葡萄藤，为室内引入自然元素。
- **大理石和石材：**常使用大理石和石材装饰地面、台面和壁炉等，营造出高贵、典雅的氛围。
- **海洋元素：**海洋元素是地中海风格的重要组成部分，海洋图案的装饰品、海蓝色的配饰等都可以呼应这一特征。
- **阳台和露台：**房屋通常有宽敞的阳台或露台，提供宜人的户外休闲空间，让居住者可以欣赏到户外美景。

Case appreciation

# 案例欣赏

## >> 提示词分享

| 英文 | 中文 |
|---|---|
| Broad perspective, Mediterranean style. The living room is being furnished in white and blue with the accent colored walls. Curved arch design, in the style of realistic seascapes, Greek and Roman art and architecture, wooden furniture, marble tiles, natural light, in the style of atmosphere of dreamlike quality, monolithic structures, coastal scenes, marine elements, grape vine elements, spacious terrace, handmade lamps, 7680*4320, HDR, 4K --ar 4:3 --v 6.0 | 广阔的视野、地中海风格。客厅以白色和蓝色装饰，墙壁带有强调色。弧形拱门设计，以现实海景、希腊及罗马艺术和建筑的风格，木制家具，大理石瓷砖，自然光，梦幻般的氛围，整体结构，海岸场景的风格，海洋元素，葡萄藤元素，宽敞的露台，手工制作的灯，7680*4320，HDR，4K　-- 画面比例 4:3　-- 版本 6.0 |

# 6.10　海滨家居风格

AI painting appreciation

# AI 绘画欣赏

　　海滨家居风格注重对海滨地区自然环境和文化传统的展现，通过采用特定的色彩、材质和装饰元素，以及对空间布局的独特处理，创造出一种轻松、清新、与自然相融合的居住环境，让居住者感受到如同海滨度假的愉悦。

Tips:

Characteristics of the Seaside home style

# 海滨家居风格的主要特点

- **淡雅色调：** 通常采用淡雅的色调，如蓝色、白色、米色和海洋绿等，以模仿海洋、天空和沙滩的色彩。
- **自然材料：** 注重使用具有海滨特色的自然材料，如棕榈树制品，以营造自然、舒适的感觉。
- **海洋元素：** 注重运用海洋元素，如贝壳、海星、海藻和船舶图案，营造出浓厚的海洋氛围。
- **宽敞明亮：** 强调宽敞、明亮的空间，以便让自然光线充分照射，同时提升居住者的心情。
- **轻便家具：** 通常选择轻便、简洁的家具，以便于布局调整，同时增加空间感。
- **蓬松的纺织品：** 蓬松而舒适的纺织品是这种家具风格的重要组成部分，如棉麻沙发套、海洋图案的抱枕和轻薄窗帘。
- **海景窗户：** 通常采用大面积的窗户或滑动门，以便欣赏到室外的海景，并使自然风光融入室内。
- **木地板：** 选择深色或白色的木地板，营造出海滨风格的质朴和舒适感。
- **户外空间：** 常包括户外露台、阳台或花园，使居住者能够在户外感受到海风。
- **海洋艺术品：** 装饰中经常能看到船舶模型、海洋主题的画作、灯塔等元素。

Case appreciation

# 案例欣赏

## >> 提示词分享

| 英文 | 中文 |
|---|---|
| Designed by Kelly Nutt, seaside style, living room with white furniture and plants, in the style of light beige and light aquamarine, Cotton and linen sofa covers, ocean-pattern throw pillows and light curtains, rattan weaving, shells, starfish, seaweed and ship patterns create a strong ocean atmosphere, Large sea view windows or sliding doors, wooden floor, ship and marine art, lively coastal landscapes, in the style of vray, airy and light, Steve Hanks, meticulously detailed, layered translucency, 7680*4320, HDR, 4K --ar 16:9 --v 6.0 | 由 Kelly Nutt 设计，海滨风格，客厅配有白色家具和植物，采用浅米色和浅海蓝宝石的风格，棉麻沙发套、海洋图案抱枕和光幕，藤编，贝壳、海星、海藻和船舶图案营造出浓郁的海洋气氛，大型海景窗或推拉门，木地板，船舶和海洋艺术，生机勃勃的海岸风光，vray 风格，通风又明亮，史蒂夫·汉克斯，细致入微，分层半透明，7680*4320，HDR，4K -- 画面比例 16:9 -- 版本 6.0 |

**┃大师档案┃** Master file

▶ 凯莉·韦斯特勒

详细介绍见 6.7 节。

# 6.11 东南亚家居风格

AI painting appreciation

## AI 绘画欣赏

东南亚家居风格体现了对东南亚当地文化传统的回归，通过使用丰富的色彩、手工艺品和自然材料，创造出富有东南亚地域色彩的热带氛围的室内空间。

Tips:

　　东南亚家居风格设计常常体现了一种轻松的热带生活方式，强调开放空间、自然通风和室内外的和谐连接；着重使用自然和本土材料，如竹子、藤条、硬木、石材和天然纤维。在提示词中描述这些材料的质感、色彩和应用方式，以及它们如何带来自然和温馨的感觉，可以使AI绘画工具生成更符合东南亚特色的图像。

Characteristics of the Southeast Asian home style

# 东南亚家居风格的主要特点

- **自然材料：** 强调使用东南亚当地的天然材料，如木材、竹子、藤编和石头，以营造出自然、质朴的东南亚当地氛围。
- **色彩丰富：** 鲜艳而丰富的色彩是东南亚家居风格的标志，常见的颜色包括绿、蓝、红、金等，体现出东南亚热带气候的活力。
- **手工艺品：** 手工艺品在东南亚家居风格中扮演着重要角色，如木雕、瓷器、纺织品等，展现出当地独特的工艺传统。
- **低矮家具：** 倾向于使用低矮的家具，如地垫、咖啡桌和低床，营造舒适、放松的氛围。
- **纺织品装饰：** 丰富的纺织品装饰是东南亚风格的特点，如地毯、窗帘、抱枕等，常常采用东南亚传统图案。
- **独特的灯具：** 灯具常常采用手工制作，如竹编吊灯、丝绸灯罩等。
- **热带植物：** 常使用棕榈树、芭蕉等植物，为室内引入自然元素。
- **开放式空间：** 倡导开放的空间设计，让自然光线和空气流通，使室内与室外环境融为一体。
- **水景元素：** 东南亚地区多雨多河流，水景元素常常出现在东南亚家居风格中，如小型喷泉、鱼缸等。
- **佛教文化：** 东南亚地区盛行佛教，其在家居中也经常有所体现。

Case appreciation

# 案例欣赏

## >> 提示词分享

<table>
<tr><td align="center">英文</td><td align="center">中文</td></tr>
<tr><td>Thai style, colorful. A living room has a large bookshelf and leather furniture, Buddha statues are placed with reverence in the center of the room or high up. Wooden structure, low furniture with carved or metallic copper decoration, rich textiles, green plants, wooden screen, spacious and airy, subtle, earthy tones, Mesoamerican influences, elegant, emotive faces, functional aesthetics, 7680*4320, HDR, 4K --ar 4:3 --v 6.0</td><td>泰式风格、丰富多彩的。客厅里有一个大书架和皮革家具，佛像恭敬地放置在房间的中央或高处。木制结构、带有雕刻或金属铜装饰的低矮家具、丰富的纺织品、绿色植物、木屏风、宽敞通风、微妙、朴实的色调、中美洲的影响、优雅、情绪化的面孔、功能美学、7680*4320、HDR、4K  -- 画 面 比例 4:3  -- 版本 6.0</td></tr>
</table>

### | 大师档案 | Master file

▶ 安诺思卡·亨佩尔

英国设计师，善于运用传统的亚洲元素，如木质家具、瓷砖和丰富的纺织品，打造出富有东南亚情调的居住环境。代表作品如"亨佩尔"酒店。

# 6.12　英式家居风格

AI painting appreciation
# AI 绘画欣赏

英式家居风格以其对传统、优雅和舒适的强调而著称，体现了英国文化的深厚历史和品位。

设计师们通过精心选择家具、色彩和装饰元素，在空间中创造出一种沉稳、典雅的氛围。

Tips:

英式家居风格通常融合了古典与现代元素，展现出一种温馨、舒适且具有格调的居住环境；使用丰富的色彩和图案，如花卉图案、条纹和格子，这些元素通常出现在壁纸、织物和地毯中。在描述提示词时，注意色彩的搭配和图案的应用方式，使用它们营造出温馨的氛围。

Characteristics of the British home style

## 英式家居风格的主要特点

- **传统家具：** 使用传统、古典的家具，如复古的椅子和带有古董感的家具，强调对传统工艺的重视。
- **暖色调：** 喜欢使用暖色调，如米色、暖褐色和深红色，为空间带来温暖、舒适的氛围。
- **花卉图案：** 喜欢在布艺、墙纸和家居装饰中使用花卉图案。
- **古董收藏：** 喜欢展示古董和收藏品，如瓷器、银器或古老的艺术品，强调历史和文化的价值。
- **丰富的织物：** 使用绒布等织物装饰家具、窗帘，或作为床上用品。
- **暖炉和壁炉：** 喜欢在客厅或起居室中设置古老而华丽的壁炉或暖炉，展现家庭的温暖和舒适。
- **精致的壁纸：** 使用带有花卉、格子或条纹等图案的壁纸，为墙面增添层次感。
- **传统的灯具：** 选择传统风格的吊灯、壁灯或台灯，强调照明的重要性，并营造温馨的氛围。
- **木质元素：** 强调木材的自然质感，包括实木家具、复古木地板和木制的装饰元素。
- **细致的木工：** 注重木工艺术，如木雕、镶嵌和装饰等工艺。

Case appreciation

## 案例欣赏

## >> 提示词分享

| 英文 | 中文 |
|---|---|
| British classical style, a study room designed by Kelly Hopkins, wide perspective, British classical style chair, exquisite wooden carvings, inlays and decorations, traditional craftsmanship, fabrics, exquisite wallpapers with patterns such as flowers, plaids or stripes, warm colors, symmetrical layout, antique collection, rich fabrics, traditional style chandelier, wall lamp or table lamp, 7680*4320, HDR, 4K --ar 16:9 --v 6.0 | 英伦古典风格，凯利·霍普金斯设计的书房，视野开阔，英式古典风格的椅子，精致的木雕、镶嵌和装饰，传统的工艺、布料，精致的花朵、格子或条纹等图案的壁纸，温暖的色彩，对称的布局，古董收藏，丰富的布料，传统风格的吊灯，壁灯或台灯，7680*4320，HDR，4K  -- 画面比例 16:9  -- 版本 6.0 |

## ┃大师档案┃ Master file

### ▶ 尼娜·坎贝尔

详细介绍见 6.5 节。

### ▶ 托马斯·齐彭戴尔

著名的英国家具工匠，是 18 世纪英国杰出的家具设计家和制作家，被誉为"欧洲家具之父"。代表作品如书籍《家具指南》等。

# 第 7 章 ↳
# 建筑设计风格

#f6edcc

#e7f3df

#b48993

#504d6f

#161e32

# 7.1 古典主义建筑风格

AI painting appreciation

## AI 绘画欣赏

　　古典主义建筑风格通过对古典文化的回归和对人文主义理念的强调，追求具有古典气息的审美。

Tips:

　　古典主义建筑讲究对称性和几何比例的美。在描述提示词时，强调建筑设计的对称性，以及空间布局中比例的和谐。使用 AI 绘画工具以创新的方式探索古典主义建筑，创造出既有历史感又富有美学价值的建筑图像。

Characteristics of the Classical architectural style

## 古典主义建筑风格的主要特点

- **对古典文化的回归：** 强调对古罗马和古希腊艺术的传承和复兴，并将这种传承和复兴体现在建筑元素和装饰上。
- **对称和比例：** 以对称的建筑形式和精确的比例为基础，创造出稳定和谐的建筑结构。
- **柱廊和柱式：** 使用经典的柱廊，常见的柱式包括多立克柱式和科林斯柱式，为建筑增添庄严感。
- **雕塑和浮雕：** 在建筑上加入雕塑和浮雕，以展示古典艺术的精湛工艺。
- **圆顶和穹顶：** 引入圆顶或穹顶，以突显建筑的壮丽氛围，如巴洛克风格的圆顶。
- **经典装饰：** 使用古典装饰元素，如希腊式花饰，营造出精致而富有艺术感的氛围。

Case appreciation

## 案例欣赏

## >> 提示词分享

| 英文 | 中文 |
|---|---|
| Baroque style architecture, building designed by Christopher Wren, bold geometric shapes, free shapes, pursuit of dynamics, rich decorations, sculptures and strong colors, bell towers, domes, tall building volume, marble, solemnity and majesty, wide angle view, street, blazing sun, bright, movie photos, 7680*4320, HDR, 4K --ar 4:3 --v 6.0 | 巴洛克风格建筑、由克里斯托弗·雷恩设计的建筑、大胆的几何形状、外形自由、追求动感、富丽的装饰、雕刻和强烈的色彩、钟楼、穹顶、高大的建筑体积、大理石、庄重和雄伟感、广角视图、街道、烈阳、明亮、电影照片、7680*4320、HDR、4K  -- 画面比例 4:3  -- 版本 6.0 |

## ┃大师档案┃ Master file

### ▶ 克里斯托弗·雷恩

英国 17 世纪著名的建筑师，主持了伦敦圣保罗大教堂的重建工程。代表作品如伦敦圣保罗大教堂、伦敦皇家医院等。

### ▶ 菲狄亚斯

古希腊的雕刻家、画家和建筑师，被公认为最伟大的古典雕刻家，负责了卢浮宫的改建工程。代表作品如帕特农神庙内部设计的雅典娜女神像等。

### ▶ 穆内西克莱斯

古希腊建筑师之一，他设计了雅典卫城的山门。代表作品如厄瑞克忒翁神庙等。

# 7.2 哥特式建筑风格

## AI 绘画欣赏

哥特式建筑风格凸显了对神秘和超自然元素的强调。艺术家通过尖拱、飞扶壁和精致的装饰，强调对超自然的敬畏和对精神境界的追求。

Tips:

尖顶拱门是哥特式建筑的显著特征之一，常用于教堂的入口、窗户和内部拱廊。在描述提示词时，可以强调这些特征，使 AI 绘画工具生成的图像所具备的哥特式建筑特征更加明显。

## 哥特式建筑风格的主要特点

- **尖拱形的拱门和拱顶**：使用尖拱形的结构，强调垂直线条，创造出向上延伸的感觉。
- **飞扶壁（飞拱）**：高耸的尖顶需要额外的支撑，于是就产生了飞扶壁或飞拱的结构，使建筑更加稳固。
- **尖塔和细长的尖顶**：塔楼和尖顶是哥特式建筑的标志，强调建筑物的垂直性。
- **复杂而精致的花窗玻璃**：大面积的彩色花窗玻璃是哥特式建筑的亮点，通过光影的变化营造神秘而美丽的氛围。
- **细长的支柱**：细长支柱的垂直元素突显了向上的动感，给人一种超越尘世的感觉。

# 案例欣赏

## >> 提示词分享

| 英文 | 中文 |
| --- | --- |
| Gothic style building, building designed by Peter Paro, spires and pointed arches, flying buttresses and steeples, rose window, pointed arch, spired arcades and corridors, rich mythological theme stone carvings and decorations, tall building volume, marble, stone, solemnity and majesty, main view, lakeside, mist, dusk, movie photos, wide angle, 7680*4320, HDR, 4K --ar 4:3 --v 6.0 | 哥特式风格建筑、由彼得·帕罗设计的建筑、尖顶和尖拱、飞扶壁和尖塔、玫瑰窗、尖顶的拱门、尖顶的拱廊和走廊、丰富的神话题材石雕和装饰、高大的建筑体积、大理石石头、庄重和雄伟感、主视图、湖畔、雾气、黄昏、电影照片、广角、7680*4320、HDR、4K  -- 画面比例 4:3  -- 版本 6.0 |

## |大师档案| Master file

▶ 彼得·帕尔莱勒

　　德国 14 世纪末至 15 世纪初建筑师，以对哥特式建筑的贡献而闻名。代表作品如圣维特大教堂、查理大桥等。

▶ 纪尧姆·德·森斯

英国建筑师，以精湛的石雕和拱顶设计闻名，其最著名的成就是在诺曼底的坎特伯雷大教堂承担了重要的建筑工程。代表作品如坎特伯雷大教堂的中殿、纽斯特朗教堂的拱顶设计等。

▶ 尚·德·谢耶和皮耶·德·蒙特厄依

两人皆为法国建筑师，因合作修建巴黎圣母院大教堂而闻名。代表作品如巴黎圣母大教堂等。

# 7.3　文艺复兴建筑风格

*AI painting appreciation*

## AI 绘画欣赏

文艺复兴建筑风格追求古典文化的复兴，强调对人文主义理念的重视。艺术家们通过圆顶、拱门和柱廊等建筑形式传达人文主义理念，强调人类的价值、知识和对美的追求。

Tips:

使用 AI 绘画工具创作文艺复兴建筑风格的图片时，应着重于捕捉文艺复兴时期建筑的核心特征，这包括对古典建筑形式的复兴、对称和比例的严格遵循，以及对细节和装饰的精细处理。在提示词中强调这些特点，使 AI 绘画工具生成满足这种艺术特点的图像。

*Characteristics of the Renaissance architecture style*

## 文艺复兴建筑风格的主要特点

- **古典元素回归：** 强调对古典罗马和希腊建筑的回归，采用柱廊、拱门、穹顶等古典元素。
- **对称和比例：** 注重建筑的对称性和比例，力求达到和谐、均衡的整体效果。
- **穹顶和圆顶：** 运用穹顶和圆顶等建筑形式，以展示建筑的宏伟和精致。
- **拱廊和柱廊：** 使用拱廊和柱廊营造开放的空间，同时增强建筑的美感。
- **精致的细节：** 注重建筑的细节处理，包括雕刻、浮雕和装饰性元素，展现出精湛的工艺。

▣ **大理石和石材：** 大量使用大理石和石材，赋予建筑永恒的质感和高贵的外观。

Case appreciation

# 案例欣赏

## >> 提示词分享

<u>英文</u>

Renaissance style architecture, building designed by Francesco Brunelleschi, symmetrical layout, dome form, the decoration is simple, arches and colonnades, focus on structural clarity, geometric patterns, square, exquisite reliefs and carvings, punched windows. The three-story structure has a colonnade on the ground floor, windows and decorations on the middle floor, and a roof and decorative elements on the top floor. Bird's eye view, street, early morning, natural light, soft, calm, movie photos, soft focus lens, 7680*4320, HDR, 4K --ar 4:3 --v 6.0

<u>中文</u>

文艺复兴风格建筑、由弗朗切斯科·布鲁内莱斯基设计的建筑、对称性布局、圆顶形式、装饰简洁、拱门和柱廊、注重结构的清晰性、几何图案、方形、精美的浮雕和雕刻、穿插式窗户。三层结构、底层为柱廊、中层为窗户和装饰、顶层为屋顶和装饰性的元素鸟瞰视图、街道、清晨、自然灯光、柔和、平静、电影照片、柔焦镜头、7680*4320、HDR、4K －－ 画面比例 4:3 －－ 版本 6.0

| 大师档案 | Master file

### ▶ 弗朗切斯科·布鲁内莱斯基

意大利文艺复兴时期的建筑师和工程师，被认为是文艺复兴建筑的奠基人，其艺术风格注重比例和对称。代表作品如佛罗伦萨圣母百花大教堂的穹顶、佛罗伦萨圣老楞佐教堂的匣子和钟楼等。

### ▶ 安德烈亚·帕拉第奥

意大利文艺复兴时期重要的建筑师之一，被誉为建筑学的巨匠。其艺术风格强调对古典罗马建筑原则的恢复和发展，提出了关于建筑比例和对称的理论，对后来的建筑风格产生了深远影响。代表作品如圆厅别墅、圆顶大教堂等。

### ▶ 米开朗基罗

详细介绍见 1.1.1 小节。

# 7.4 巴洛克建筑风格

AI painting appreciation

## AI 绘画欣赏

巴洛克建筑风格通过高度装饰的外观、对称的设计、动感的形式，追求壮观的效果，并通过丰富的雕塑、壁画和浮雕展现豪华感。

巴洛克风格的建筑主体为宫殿、城堡，所处环境通常在园林和景观中，特点是对称的布局、雕塑装饰和水景。在提示词中描述如何将这些元素融入总体设计中，以增强建筑的宏伟感。加入这类提示词，更容易使 AI 绘图工具生成符合此风格的 AI 图像。

Characteristics of the Baroque architectural style

# 巴洛克建筑风格的主要特点

- **高度装饰性**：建筑外观富有雕塑、浮雕等装饰元素，注重细节的精美，营造豪华感。
- **对称设计**：建筑结构通常以对称为基础，正面和侧面呈镜像对称，强调整齐和平衡。
- **曲线和动感**：偏好采用曲线和圆弧形状，创造出流畅、富有动感的建筑形态，与刚直的文艺复兴风格形成对比。
- **雕塑和壁画**：大量使用雕塑、壁画和浮雕，以展现艺术家对情感的表达。
- **庄严和壮观的视觉效果**：追求建筑的壮观感，通过大气的空间布局营造视觉上的庄严感。

Case appreciation

# 案例欣赏

| 英文 | 中文 |
| --- | --- |
| Baroque architectural style, palace designed by François Bruns, symmetry and layering, luxurious carvings, reliefs and mural decorations, the facade is often decorated with flowers, angels, statues, etc, curved and rounded elements, arches, bow windows, arched tops, domes and cupolas, domes often decorated with frescoes and elaborate inlays, marble and brass decoration, pilasters and colonnades, stately porch, carved door frame, bow windows, trapezoidal windows. It is a single-family house with a fountain and water feature in the front. Axonometric drawing, bright colors, sunset, natural light, quiet and warm, movie photos, wide angle, 7680*4320, HDR, 4K --ar 4:3 --v 6.0 | 巴洛克建筑风格，由弗朗索瓦·布朗斯设计的宫殿，对称和层次感，豪华的雕刻、浮雕、壁画装饰，立面上常有花卉、天使、人物雕像等装饰，曲线和圆形元素，拱门，弓形窗户，拱形顶部，圆顶和穹顶，圆顶上常常装饰有壁画和精致的镶嵌，大理石和黄铜装饰，壁柱和柱廊，庄重的门廊，雕刻的门框，弓形窗户，梯形窗户。独栋，前方有喷泉水景。轴测图，明亮的色彩，日落，自然灯光，宁静、温暖，电影照片，广角，7680*4320，HDR，4K  -- 画面比例 4:3  -- 版本 6.0 |

## | 大师档案 | Master file

▶ **弗朗切斯科·博罗米尼**

意大利巴洛克艺术风格建筑师。代表作品如圣卡罗教堂等。

▶ **克里斯托弗·雷恩**

详细介绍见 7.1 节。

▶ **维尼奥拉和泡达**

意大利建筑师、建筑理论家，是 16 世纪风格主义建筑的代表人物，也是当时罗马建筑师的领袖。代表作品如罗马耶稣会教堂等。

# 7.5  洛可可建筑风格

AI painting appreciation

# AI 绘画欣赏

　　洛可可建筑风格以精致的装饰、优雅曲线、丰富的细部雕刻来营造浪漫的氛围。建筑物常采用轻盈的结构和柔美的线条，强调对称和对比，展现出富有艺术感的风格。

Tips:

　　在提示词中描述建筑中的精细装饰，包括浮雕、金箔装饰、细致的木雕和镂空设计，以及装饰画和壁纸。同时，强调自然光在洛可可室内设计中的作用，使用大窗户和镜子增加空间的明亮度和视觉宽敞感。

Characteristics of the Rococo architectural style

## 洛可可建筑风格的主要特点

- **优雅曲线：** 以曲线和弧线为特色，曲折而流畅的线条赋予建筑物优雅的外观。
- **细致装饰：** 建筑充满精致的装饰，常见的有花卉图案、雕花、繁复的镂空和细腻的雕塑，强调对细节的关注。
- **对称与协调：** 对称性是洛可可建筑的一个重要原则，建筑物的各个部分在形式和结构上都保持协调和平衡。
- **精致雕塑：** 外部和内部常见精致的雕塑和雕饰，突显建筑的艺术性和雕工的工艺水平。
- **豪华材料：** 使用豪华的材料，如大理石、黄金等，以彰显建筑的高贵气质。
- **浪漫主题：** 常表达出浪漫氛围，强调对生活的享受，色彩明快且丰富。

Case appreciation

## 案例欣赏

## >> 提示词分享

| 英文 | 中文 |
|---|---|
| Rococo architectural style, the palace designed by Bartolomeo Raphael Roald de Pelago, curved shapes are often used in building exterior walls, doors, windows, stairs, etc, the facades of buildings often have a symmetrical layout, there is a prominent main entrance or atrium in the center. Symmetry and axis, curved roofs, spires, multi-level building structures such as protrusions, depressions, and terraces, exquisite carvings and hollowing, flowers, feathers, vines, etc, are common decorative elements, single-family house, bright colors, sunrise, natural light, quiet and warm, movie photos, wide angle, 7680*4320, HDR, 4K --ar 4:3 --v 6.0 | 洛可可建筑风格，由巴托洛梅奥·拉斐尔·罗尔德·德·佩拉戈设计的宫廷，建筑外墙，门窗、楼梯等地方常使用曲线造型，建筑的正面常常呈现对称布局，中央有突出的主入口或中庭。对称与轴线，曲线的屋顶，尖塔、凸起、凹陷、露台等多层次建筑结构，精致的雕刻和镂空，花卉、羽毛、藤蔓等都是常见的装饰元素，独栋，前方有花园景观，明亮的色彩，日出，自然灯光，宁静、温暖，电影照片，广角，7680*4320，HDR，4K  -- 画面比例 4:3  -- 版本 6.0 |

## | 大师档案 | Master file

### ▶ 雅克·加布里埃尔

法国 18 世纪建筑师，其作品体现了洛可可风格的优雅和对称。代表作品如凡尔赛宫改建等。

### ▶ 约翰·卢卡斯·冯·希尔德布兰特

奥地利巴洛克风格建筑师，他的作品对 18 世纪中欧和东南欧建筑有深刻影响，其建筑理论也传遍了神圣罗马帝国和国外。代表作品如贝尔维第宫、萨尔茨堡的米拉贝尔府邸等。

# 7.6 新古典主义建筑风格

## AI 绘画欣赏

新古典主义建筑风格强调对古代罗马和古希腊建筑的模仿，体现简洁对称的设计原则，注重古典装饰；在对古典文化回归的同时，也追求时代气息。

Tips:

　　新古典主义建筑常用大理石、花岗岩等天然石材增加建筑的庄重感和永恒感。在提示词中可以指出这些材料的使用和表面处理方式。虽然新古典主义建筑倾向于形式上的简洁，但也会通过精细的装饰细节展现优雅，如壁炉、天花板装饰和门框。

## 新古典主义建筑风格的主要特点

- 🗋 **古典元素：** 采用古希腊和古罗马建筑的经典元素，如柱廊、圆顶、浮雕等，表现对古代文化的崇敬。
- 🗋 **对称和比例：** 注重建筑的对称性和比例感，强调整体的协调与平衡，反映出古典建筑的规整之美。
- 🗋 **简洁与清晰：** 造型简洁、线条清晰，避免过多的装饰，突显结构和形式的纯粹性。
- 🗋 **石材和大理石：** 常使用贵重的石材，如大理石，以突显建筑的尊贵。
- 🗋 **圆顶和穹顶：** 采用圆顶或穹顶设计，以强调建筑的宏伟感和气势。

# 案例欣赏

## >> 提示词分享

| <u>英文</u> | <u>中文</u> |
| --- | --- |
| Neoclassical architectural style, palace designed by John Nash, symmetry, classical colonnade in Greek and Roman classical architecture, domes, triangular gables, reliefs and sculptures, wing or cloister, marble, arches and doorways, single house, street, bottom view, bright colors, blazing sun, glare, solemn, serious, movie photos, wide angle, 7680*4320, HDR, 4K --ar 4:3 --v 6.0 | 新古典主义建筑风格、约翰·纳西设计的宫殿、对称、希腊和罗马古典建筑中的古典柱廊、圆顶、三角山墙、浮雕和雕塑、翼楼或回廊、大理石、拱门和门口、独栋、街道、仰视图、明亮的色彩、烈日、强光、庄重、严肃、电影照片、广角、7680*4320、HDR、4K  -- 画面比例 4:3  -- 版本 6.0 |

## ┃大师档案┃ Master file

### ▶ 约翰·纳西

英国 19 世纪建筑师，其艺术风格融合了古典主义和新古典主义元素，注重对称、比例和装饰的精致平衡。代表作品如海德公园的改造、白金汉宫的重建等。

### ▶ 爱德华·斯通

美国建筑师，现代建筑中典雅主义的代表人物之一。其设计手法独特，运用现代材料与结构的排列方式来表达理性的美感，使人联想到古典主义或古代建筑形式。代表作品如纽约现代艺术馆、华盛顿肯尼迪表演艺术中心等。

▶ **卡尔·弗里德里希·辛克尔**

普鲁士建筑师，德国古典主义的代表人物。其作品多呈现古典主义或哥特复兴风格，以形式构成驾驭古代建筑语言，对后世的城市风貌有极大的影响。代表作品如水果女神庙等。

# 7.7 哥特复兴建筑风格

AI painting appreciation

## AI 绘画欣赏

哥特复兴建筑风格是在哥特式建筑的基础上，吸取了文艺复兴时期建筑的特点，从而产生的一种建筑风格。与哥特式建筑风格相比，哥特复兴建筑更简洁，如其飞扶壁较小，有时甚至没有扶壁。

Tips:

哥特式建筑是中世纪的产物，强调宗教和向天空的延伸；而哥特复兴建筑则是19世纪对这一风格的复兴和再解释，不仅在宗教建筑中使用，也广泛应用于世俗建筑，展现了更广泛的文化和社会价值。使用 AI 绘画工具绘制哥特复兴建筑时，需要注意与哥特式建筑风格的区别。

Characteristics of the Gothic Revival architectural style

## 哥特复兴建筑风格的主要特点

尖拱和尖顶：强调尖拱和尖顶的设计，营造出垂直线条的感觉。

- 精致的装饰：表面装饰丰富，其雕刻、浮雕和窗棂呈现出精致的图案。
- 垂直线条：突显垂直线条，使建筑物显得高耸挺拔，与哥特式建筑的传统相呼应。
- 玫瑰窗：使用大型花窗玻璃，形成玫瑰窗设计，展现出艺术和宗教的结合。
- 拱形结构：采用拱形结构，如尖拱门和走道，赋予建筑强烈的垂直感和立体感。

Case appreciation

# 案例欣赏

## >> 提示词分享

<table>
<tr><th>英文</th><th>中文</th></tr>
<tr><td>

Gothic revival architectural style, five-story church designed by Giuseppe Salviati, marble, blending renaissance sculptures and classical elements, the decoration is more balanced and symmetrical, pointed arches and spires, intricate carvings, reliefs and window latticework, vertical lines, rose window, arched structure, there are scattered pedestrians on the street, early morning, wide angle view, bright colors, sunrise, sacred, gentle, movie photos, wide angle, 7680*4320, HDR, 4K, --ar 3:4 --v 6.0

</td><td>

哥特复兴建筑风格，由朱塞佩·萨尔维亚蒂设计的五层教堂，大理石，融合了文艺复兴时期的雕刻和古典元素，装饰更加平衡和对称，尖拱和尖顶，复杂的雕刻、浮雕和窗棂，垂直线条，玫瑰窗，拱形结构，街道上有零星的行人，清晨，广角视图，明亮色彩，日出，神圣，柔和，电影照片，广角，7680*4320，HDR，4K -- 画面比例 3:4 -- 版本 6.0

</td></tr>
</table>

▶ **乔治·吉尔伯特·斯科特**

英国 19 世纪著名建筑师，他承袭了哥特式建筑的传统，并推动了哥特复兴风格。代表作品如米德兰大酒店、圣尼古拉斯教堂等。

▶ **奥古斯都·威尔比·诺斯摩尔·普金**

英国 19 世纪建筑师，哥特复兴运动的重要人物，主张回归中世纪的哥特式风格，强调使用尖拱、尖塔等元素。代表作品如英国议会大厦等。

▶ **卡尔·弗里德里希·辛克尔**

详细介绍见 7.6 节。

# 7.8　现代主义建筑风格

AI painting appreciation

## AI 绘画欣赏

现代主义建筑风格表现为对传统约束的解放，以及对功能性的强调；通过简化形式、强调线条、摒弃繁复装饰来追求现代性，并强调对技术和新材料的运用。

Tips:

使用 AI 绘画工具创作现代主义建筑风格的图片时，应注意以下关键特征和建议：简洁的线条与几何形状、开放空间的概念、材料与构造技术、光线的运用、功能主义、最小主义的装饰、室内外联系等。

Characteristics of the Modernist architectural style

## 现代主义建筑风格的主要特点

- 反对传统风格：摆脱传统建筑规范，打破传统设计模式，追求独创性和现代性。
- 强调功能性：追求功能的最大化，摒弃多余的装饰。
- 简化形式：强调几何形状，简化线条和结构，追求简洁、清晰的外观。

- ⬡ **开放的空间：** 注重空间的流动性和连通性，采用开放式平面布局，创造通透、灵活的室内环境。
- ⬡ **使用新材料：** 乐于探索，采用新的建筑材料和技术，如玻璃、钢铁和混凝土，以实现更大的创新和自由。
- ⬡ **注重自然光线：** 设计中充分利用自然光线，通过大面积的窗户和开放式设计实现室内外的无缝连接。
- ⬡ **平屋顶和水平线：** 平坦的屋顶线和水平线设计，是现代主义建筑的典型特征，突显简洁和现代感。
- ⬡ **空间的抽象表达：** 强调抽象性，通过抽象的几何元素来传递建筑的美感。

Case appreciation

# 案例欣赏

## >> 提示词分享

| <u>英文</u> | <u>中文</u> |
|---|---|
| Modernist architectural style, library designed by Ludwig Mies Van der Rohe, marble, emphasis on functionality, geometric shapes, simple and clear appearance, open space, glass, steel and concrete, against traditional style, large windows, flat roofs and horizontal lines, concise form, abstract geometric elements, school, cloudy day, diffuse light wide angle view, peaceful, movie photos, wide angle, 7680*4320, HDR, 4K --ar 4:3 --v 6.0 | 现代主义建筑风格，由路德维希·密斯·凡德罗设计的图书馆，大理石，强调功能性，几何形状，简洁、清晰的外观，开放的空间，玻璃、钢铁和混凝土，反对传统风格，大面积的窗户，平屋顶和水平线，简练的形式，抽象的几何元素，学校，阴天，漫射光线广角视图，宁静，电影照片，广角，7680*4320，HDR，4K　--画面比例 4:3　--版本 6.0 |

## ┃大师档案┃ Master file

▶ **勒·柯布西耶**

详细介绍见 3.1 节。

▶ **路德维希·密斯·凡德罗**

详细介绍见 3.1 节。

▶ **弗兰克·劳埃德·赖特**

美国建筑师，20 世纪现代主义建筑的杰出代表，现代有机建筑的先驱，强调与自然的融合，在设计上提倡横向线条和使用自然材料。代表作品如流水别墅、罗比住宅等。

# 7.9 后现代主义建筑风格

AI painting appreciation

## AI 绘画欣赏

后现代主义建筑风格突破传统，强调多样性和实验性，拒绝规范。建筑师们通过碎片化的形式、非线性结构和对文化符号的重塑，追求超越传统建筑形式的创新表达。

Tips:

后现代主义建筑鼓励形式上的创新和多样性，打破传统的立方体和矩形几何形状，采用更为复杂和表现性的形状。在提示词中描述这些创新形式的特点和构思过程，促使AI绘画工具生成兼具创新和符合要求的图像。

# 后现代主义建筑风格的主要特点

- **碎片化的形式：**强调非线性、碎片化的设计，摒弃传统的连续性和规则性，通过错落有致的元素打破结构的单一性。
- **多样性和实验性：**强调建筑的多样性，鼓励实验性的设计，拒绝套用统一的风格，倡导独特和创新的建筑语言。
- **文化符号的重塑：**将文化符号、历史元素重新解释和运用，以创造新的建筑语境，体现对多元文化的运用和融合。
- **技术创新：**结合先进的科技，采用新材料和建筑技术，推动建筑的技术创新，力图呈现出前所未有的建筑形态。
- **超现实主义和象征主义：**强调超现实主义和象征主义的表达手法，通过建筑元素的夸张和艺术性的处理，传递更加丰富和深层的意义。
- **环境友好和可持续性：**关注生态和可持续发展，倡导环保设计和能源效益。

Case appreciation

# 案例欣赏

## >> 提示词分享

| 英文 | 中文 |
|---|---|
| Postmodern architectural style, museum designed by Frank Gehry, special-shaped structure, glass curtain wall, stainless steel, aluminum alloy, concrete, fragmented form, the well-proportioned elements, diversity and experimentation, the reshaping of cultural symbols, new materials and construction techniques, surrealism and symbolism, environmentally friendly and sustainable, museum, rain, diffuse light picture on the left, mystery, fog, movie photos, bird's eye view, 7680*4320, HDR, 4K --ar 4:3 --v 6.0 | 后现代主义建筑风格、由弗兰克·盖里设计的博物馆、异型结构、玻璃幕墙、不锈钢、铝合金、混凝土、碎片化的形式、比例均匀的元素、多样性和实验性、文化符号的重塑、新材料和建筑技术、超现实主义和象征主义、环保和可持续性、博物馆、雨天、漫射光线左侧图、神秘、雾气、电影照片、鸟瞰、7680*4320、HDR、4K -- 画面比例 4:3 -- 版本 6.0 |

## |大师档案| Master file

### ▶ 扎哈·哈迪德

伊拉克裔英国建筑师，后现代主义建筑的代表性人物，其设计以流畅的线条、抽象的几何形状和创新性的结构而著称。代表作品如广州大剧院、银河 SOHO 等。

### ▶ 弗兰克·盖里

美国建筑师，以前卫的后现代主义设计风格而闻名，常使用非传统的建筑材料和复杂的曲线形状。代表作品如沃特·迪斯尼音乐厅、古根海姆艺术博物馆等。

### ▶ 彼得·艾森曼

美国建筑师，其设计风格注重理论和概念，并常常表现为抽象、非传统的结构形式。代表作品如大哥伦布会议中心等。

# 7.10 高科技建筑风格

AI painting appreciation

## AI 绘画欣赏

　　高科技建筑风格追求对现代科技的运用，注重结合先进技术创造独特空间体验。其设计强调创新材料、数字化系统，营造未

来感强烈的建筑形态，体现出高科技与现实的融合。

高科技建筑风格通过大面积的玻璃幕墙和透明结构，强调室内外空间的透明性和连续性。在提示词中强调通透的玻璃幕墙，引入自然光，同时强调通过透明元素增强空间的开放感。

Characteristics of the High-tech architectural style

# 高科技建筑风格的主要特点

- **应用先进技术**：强调对先进科技和工程技术的应用，通过现代材料和结构创造出前所未有的建筑形态。
- **功能性和效率**：设计注重实用性，追求空间效率和功能性，采用数字化、智能化系统，以带来更符合人类需求的使用体验。
- **现代材料和创新设计**：运用先进的材料和创新设计理念，创造出独特、未来感强烈的外观，体现高科技与建筑的融合。

Case appreciation

# 案例欣赏

## >> 提示词分享

| 英文 | 中文 |
|---|---|
| Postmodern architectural style, designed by Richard Rogers, geometric shapes and lines, metal structure, glass curtain wall, dynamic and streamlined design, advanced technology applications, modern materials and construction, functionality and efficiency, digital and intelligent systems, modern materials and innovative design, unique and futuristic appearance, sunny, glare, front view, tall, sense of technology, movie photos, wide angle, 7680*4320, HDR, 4K --ar 4:3 --v 6.0 | 后现代主义建筑风格，由理查德·罗杰斯设计，几何形状和线条，金属结构，玻璃幕墙，动态和流线型设计，先进技术应用，现代材料和结构，功能性和效率，数字化、智能化系统，现代材料和创新设计，独特、未来感强烈的外观，晴天，强光，正视图，高大，科技感，电影照片，广角，7680*4320，HDR，4K  -- 画面比例 4:3 -- 版本 6.0 |

## |大师档案| Master file

### ▶ 理查德·罗杰斯

英国建筑师，在高科技建筑领域有着卓越的贡献，其艺术风格强调科技创新和建筑结构的透明性。代表作品如巴黎蓬皮杜中心和文化中心等。

### ▶ 伦佐·皮亚诺

意大利当代著名建筑师，注重建筑艺术与环境协调共存，在继承传统的基础上，勇于创新。代表作品如法国蓬皮杜中心、伦敦碎片大厦等。

### ▶ 诺曼·福斯特

英国建筑师，倡导可持续设计概念，其作品注重功能性与美学的结合，常采用先进的材料。代表作品如德国新议会大厦、德意志商业银行总部等。

# 7.11  可持续绿色建筑风格

AI painting appreciation

# AI 绘画欣赏

可持续绿色建筑风格强调对环境的尊重和对资源的有效利用，追求与自然和谐共生；通过采用环保材料、能源效益生态系统和创新设计，实现建筑的可持续发展，呼应现代社会对环保和可持续性的迫切需求。

Tips:

　　强调建筑设计中对能源效率的重视，如通过被动式太阳能设计、高效隔热材料和智能能源管理系统减少能源消耗。在提示词描述中，指出这些建筑如何利用自然光、自然通风和其他被动式策略来减少对人工照明和空调的依赖。这也是借助AI绘画工具生成符合需求的图像的关键。

Characteristics of the Sustainable green building style

# 可持续绿色建筑风格的主要特点

- **能源效益：**强调使用可再生能源和高效能源系统，减少对非可再生能源的依赖，降低建筑的能耗。
- **环保材料：**选择环保、可再生和可回收的建筑材料，减少对自然资源的消耗，降低对环境的影响。
- **自然通风和采光：**设计中注重自然通风和采光，减少对人工照明和空调系统的依赖，通过自然通风和采光提高室内舒适度。
- **水资源管理：**采用节水技术，包括雨水收集、灌溉系统优化等，减少对水资源的浪费。
- **生态景观设计：**融入自然景观，保护当地生态系统，提高绿地覆盖率，促进生物多样性。
- **循环利用和再生设计：**强调建筑和材料的可循环利用性，延长建筑寿命，减少废弃物产生。

Case appreciation

# 案例欣赏

## >> 提示词分享

| <u>英文</u> | <u>中文</u> |
|---|---|
| Sustainable, green architectural style, designed by William Macdonald, geometric shapes and lines, renewable energy and efficient energy systems, environmentally friendly materials such as wood, bamboo, recycled glass, green roof, solar and wind energy facilities, ecological landscape design, smart system, natural ventilation and lighting, using water-saving technology, design for recycling and regeneration, environmental certification , sunny, glare, front view, in the park, movie photos, wide angle, 7680*4320, HDR, 4K --ar 4:3 --v 6.0 | 可持续、绿色建筑风格，由威廉·麦唐纳设计，几何形状和线条，可再生能源和高效能源系统，环保材料，如木材、竹子、再生玻璃、绿色屋顶、太阳能和风能设施，生态景观设计，智能系统，自然通风和采光，采用节水技术，循环利用和再生设计，环保认证，晴天，强光，正视图，公园中，电影照片，广角，7680*4320，HDR，4K  -- 画面比例 4:3  -- 版本 6.0 |

## ┃大师档案┃ Master file

### ▶ 威廉·麦唐纳

美国生态建筑师，倡导"永续设计"理念，注重将人类活动与自然生态系统融为一体。代表作品如书籍《从摇篮到摇篮：重塑我们做事的方式》等。

### ▶ 诺曼·福斯特

详细介绍见 7.10 节。